区域总部大楼开发指南

程景栋　主编

中国建筑工业出版社

图书在版编目（CIP）数据

区域总部大楼开发指南/程景栋主编. —北京：中国
建筑工业出版社，2020.4
ISBN 978-7-112-24888-9

Ⅰ．①区… Ⅱ．①程… Ⅲ．①办公建筑-建筑设
计-指南　Ⅳ．①TU243-62

中国版本图书馆 CIP 数据核字（2020）第 031264 号

责任编辑：刘平平　李　阳
责任校对：焦　乐

区域总部大楼开发指南

程景栋　主编

*

中国建筑工业出版社出版、发行（北京海淀三里河路9号）
各地新华书店、建筑书店经销
霸州市顺浩图文科技发展有限公司制版
北京建筑工业印刷厂印刷

*

开本：787×1092 毫米　1/16　印张：13¾　字数：332 千字
2020 年 6 月第一版　2020 年 6 月第一次印刷
定价：**49.00** 元
ISBN 978-7-112-24888-9
（35623）

编写委员会

顾问委员会

毛国强　章维成　罗　宏　吴文贵　张代齐　朱建辉
赵立刚　王江波　韩春珉　李应文

编委会

主　　任：罗　宏
副主任：朱建辉　王江波
主　　编：程景栋
副主编：周星伟　李黔渝　丁　鹏
编　　委：冉小云　宗述安　廖小平　许金宝　杨　涛　傅　慧
　　　　　姜高峰　吴　明　繆文科　王志强　邵美容　熊　萍
　　　　　刘　涛　张　腾　王睿翔

前　言

随着国家总部经济战略的不断推进，全国各大重点城市结合当地特色，相继出台了一系列重大政策及重要举措，旨在极打造属于自己的区域总部经济区，从而形成合理的价值链分工，创造并产生新的经济价值增长点，为城市发展注入新的活力。

企业如何利用好这一契机，加强与当地政府的深度合作，从而占领区域市场制高点；如何在本地区快速建立区域总部经济区，形成产业协同效应；如何打造产业链上良好的经济生态圈，为企业创造更高的价值，成为每一个想要进入区域总部的企业必须要面对的现实问题。

总部经济依赖于良好的硬件基础——总部大楼。作为功能复合、业态多样、体量巨大的总部型商务楼宇，其开发建设过程是一项复杂的系统工程，需要缜密的策划、严谨的建设和细致的管理，这对于相应项目的管理团队是一个巨大的挑战。本书通过成功的项目管理经验的总结梳理，为未来的项目管理提供有价值的参考，具有重要的实践意义。

为此，本书编写团队查阅大量文献资料后展开了一系列深入的探索和研究。同时，结合位于四川省成都市天府新区总部中央商务区中的中建西南总部大楼实际案例，从经济环境分析、政策研究到产品策划及项目定位；从战略合作到土地获取；从特色订制到大楼开发；从精确招商到项目运营；从融资模式到组织管理，全方位、多层次、立体化的介绍了区域总部大楼的开发建设、运营管理等关键事项，对未来有机会进入重点城市打造区域经济圈，融入地方建设发展进程的企业提供强有力的参考和指导。

本书在编写过程中，得到了重庆大学周韬教授的悉心指导，在此一并表示感谢。

目　录

第二篇 开 发 篇

第三篇 运 营 篇

绪　　论

　　总部经济作为一种独特的经济形式，具有显著的经济效应。总部经济聚集区作为总部经济的集中反映，因其高端性、知识性、相关性的特点，在区域经济增长中发挥着重要的作用。目前总部经济聚集区有总部经济园区、区域总部大楼等形式。

　　区域总部大楼目前有两种解释，从广义来讲区域总部大楼的种类很多，其范围主要包括纯商业、写字楼、酒店以及与其配套的住宅等不同体量的城市综合体。从狭义来讲，区域总部大楼就是纯区域总部大楼，主要有主题购物公司、大型购物中心、大卖场、商业街、专业市场、批发市场等几种形式。本书要讨论以写字楼为主、底商酒店为辅的区域企业总部大楼——中小综合体项目。

　　中建西南总部大楼是落实中国建筑与四川省成都市签署的战略协议的重大举措，是成都市打造总部经济的具体体现，建设意义举足轻重。项目于 2014 年启动，同年 11 月 27 日以中建成都天府新区建设有限公司（以下简称项目公司）名义成功摘得项目宗地，截至 2018 年底，已完成全部建设工作，进入运营阶段。中建西南总部大楼经测算，项目总投资约 7 亿元，预计可实现商业总销售收入约 1.5 亿元，主楼首年租金约 6000 万元，测算结果表明项目财务盈利能力良好。

　　项目公司设有营销策划部、规划设计部、合约商务部、工程建设部、财务资金部和综合办公室六个部门。中建西南总部大楼工作流程如下：

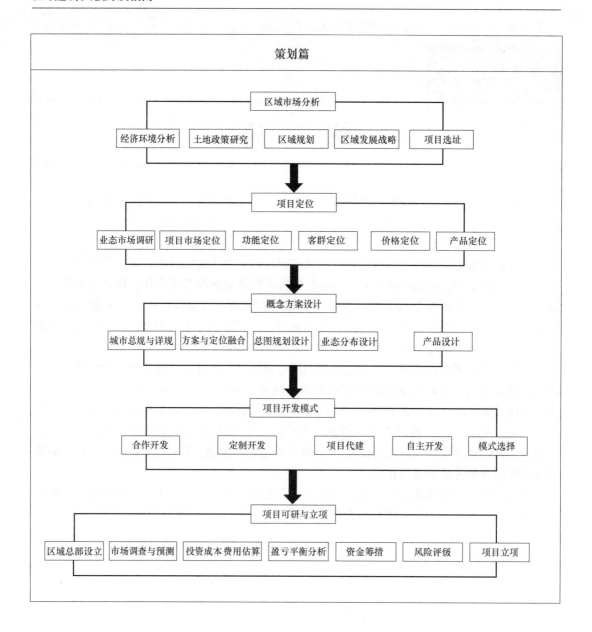

策划篇

区域市场分析

经济环境分析　土地政策研究　区域规划　区域发展战略　项目选址

项目定位

业态市场调研　项目市场定位　功能定位　客群定位　价格定位　产品定位

概念方案设计

城市总规与详规　方案与定位融合　总图规划设计　业态分布设计　产品设计

项目开发模式

合作开发　定制开发　项目代建　自主开发　模式选择

项目可研与立项

区域总部设立　市场调查与预测　投资成本费用估算　盈亏平衡分析　资金筹措　风险评级　项目立项

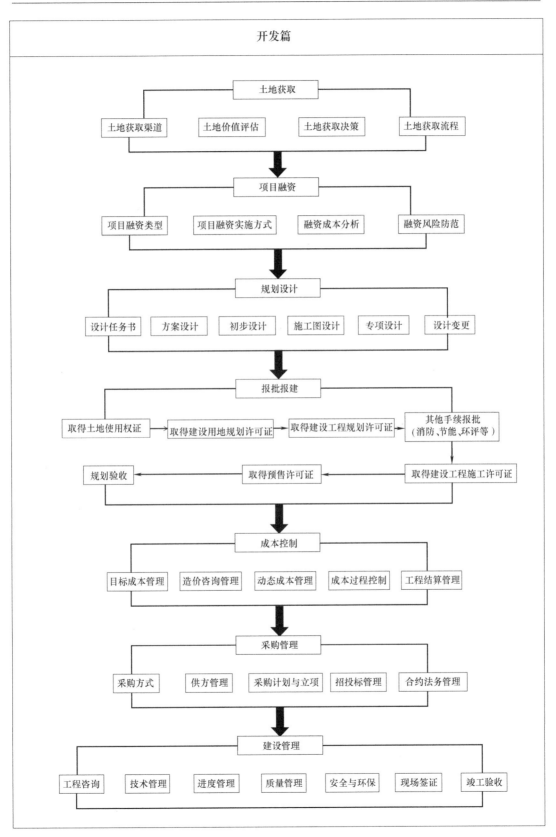

开发篇

土地获取

土地获取渠道　　土地价值评估　　土地获取决策　　土地获取流程

项目融资

项目融资类型　　项目融资实施方式　　融资成本分析　　融资风险防范

规划设计

设计任务书　　方案设计　　初步设计　　施工图设计　　专项设计　　设计变更

报批报建

取得土地使用权证　→　取得建设用地规划许可证　→　取得建设工程规划许可证　→　其他手续报批（消防、节能、环评等）

规划验收　←　取得预售许可证　←　取得建设工程施工许可证

成本控制

目标成本管理　　造价咨询管理　　动态成本管理　　成本过程控制　　工程结算管理

采购管理

采购方式　　供方管理　　采购计划与立项　　招投标管理　　合约法务管理

建设管理

工程咨询　　技术管理　　进度管理　　质量管理　　安全与环保　　现场签证　　竣工验收

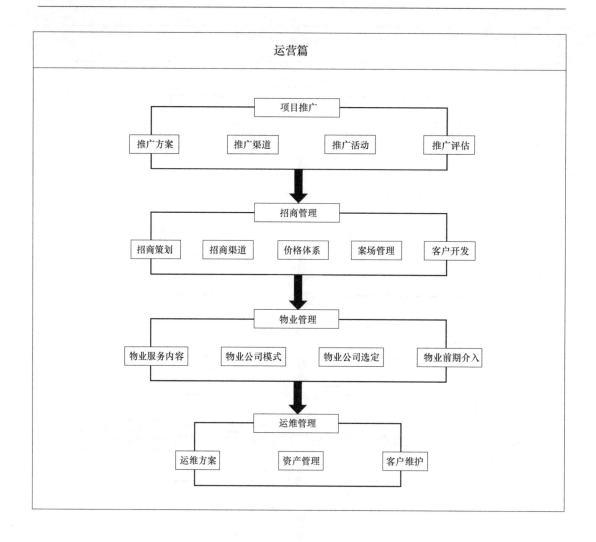

中建西南总部大楼着重做好成本控制、资金筹措、过程管控、招商等工作，取得了良好的成效，为类似项目操作提供可借鉴的经验。

（1）成本控制

方案设计时经过多轮技术经济比选。施工图设计阶段按照项目建安成本总额的85％作为项目设计限额，预留15％的不可预见费用作为风险控制，并将限额设计目标编入设计任务书中，形成经济指标。及时根据图纸情况，调整目标成本，并经公司审议通过后，对项目目标成本进行分解，与各部门签订目标成本管理责任书，落实成本控制责任。

采用自主招商模式，节约中介代理费用。凭借中建西南总部大楼会展经济总部区的优势，开展酒店、银行和底商等商业板块的招商工作，拜访或邀请客户到项目现场进行实地考察二百余次，同时取得政府对入驻企业的扶持和激励政策，并通过政府平台找到了丰富的客户资源。

（2）资金筹措

项目启动之初，公司就开始接洽各大银行，利用自身资产作为担保，以较低的融资成本取得了项目贷款。

公司通过多次与银行对接，将融资成本由央行五年期以上贷款基准利率上浮 8％变更为按央行五年期以上贷款基准利率上浮 5％，节约了融资成本，为整个项目后续开发提供了强有力的资金保障。

为提高资金使用效率，保证工程进度，合理降低财务成本，项目公司设置了年度、季度现金流节点。坚持按合同、进度、预算编制项目年度资金需求计划，分季度编制资金滚动预算。一方面为项目的开发建设积极筹措资金，另一方面做好过程中的资金运作，根据资金使用的时间和需要量做好贷款计划，合理安排资金。

（3）过程管控

中建西南总部大楼开发项目在实施期间，充分体现了"中建大厦中建造"的特色。凡是中建系统具备施工资质的，均邀请系统内单位参与项目招标投标工作并负责实施。

《授权体系》明确界定公司各部门与总经理、总经理与董事会之间的工作权责，加强管理、防范风险。公司全体员工按照《管理细则》的规定开展工作，以制度规范行为，以制度提升品质。中建西南总部大楼公司《授权体系》和《管理细则》已成为标准模板被其他各项目公司学习、借鉴。

制定公司部门、员工绩效评价细则。全面纳入各项工作要素，将劳动纪律、考勤、工作计划执行情况等纳入通用指标，将具体业务纳入专项考核指标。

（4）招商

2016 年 4 月，招商团队进场后，对成都酒店、办公写字楼、零售商业、政策、土地情况进行市场调研和全面摸底，结合天府新区的远景规划和当前配套设施情况，编写项目年度营销策划报告，对写字楼、酒店、底商的招商工作做出重点策划和安排，编制了较为完善的租售价格体系和优惠方案。

对四川知名的酒店品牌资料进行收集，先后三次组织消费者和用户进行实际考察，确定入驻酒店品牌。同时利用项目融资和银行建立的良好合作关系，敲定入驻银行。

中建西南总部大楼开发项目在建设期间，多次与股东单位沟通，确定入驻楼层，起到引领作用，充分利用公司各层级领导资源，发动公司全员参与招商。另外优秀的品牌、合理的价格对中建在蓉单位入驻也有较大的吸引作用。

截至 2018 年底，中建西南总部大楼开发项目已顺利完成全部建设内容。在此期间，公司各部门通力配合、群策群力，克服道路调规、极端天气、原材料供应不足等种种不利因素，抓质量、抢进度、降成本，圆满完成股东单位建设要求的同时，节约成本费用，为项目后期运营打下坚实的基础。

第一篇 策 划 篇

1

区域市场分析

对于开发项目而言，只有了解国家整体经济运行环境和区域未来的长期发展规划，熟悉过去和未来的房地产发展政策、国家及投资目标区域的土地政策，才能更好地统筹全局，找到最佳的投资地点，吸引合理的人、财、物积聚，借助城市经济发展的快车道，助力开发项目腾飞。为此需要进行系统的区域市场分析。

市场分析包括宏观和微观两个层面。宏观层面分析，PEST 分析法是战略外部环境分析的基本工具，它通过政治（Politics）、经济（Economy）、社会（Society）和技术（Technology）四个方面的因素分析，从总体上把握宏观环境。其中社会环境主要包括受教育程度、价值观念、消费习俗等因素，项目在营销推广中应重点考虑。区域总部大楼项目开发受技术因素限制较小，所以本章的宏观环境分析主要针对经济环境和政策环境。微观层面主要分析项目选址的影响因素，包括项目所在区域的交通运输、人力资源、建设成本等。本章以中建西南总部大楼为例，分析中建西南总部大楼的外部市场环境及项目选址，为区域总部大楼的区域市场分析提供实操经验（图 1-1）。

图 1-1　区域市场分析框架图

1.1　经济环境分析

经济环境是企业营销活动的外部社会经济条件，包括消费者的收入水平、消费结构、支出模式、储蓄和信贷以及社会经济发展水平、经济体制和行业发展状况、城市化程度等多种因素。市场规模不仅取决于人口的规模，还取决于有效的购买力。而购买力的大小往往受到经济环境中各种要素的综合影响。针对国家及地方的政策研究，主要从以下几个方面进行分析：

（1）宏观经济环境，主要从《中国经济与社会发展统计》《中国统计年鉴》《中国区域经济年鉴》等国家权威部门发布的公开资料中检索和查阅近 5～10 年的经济情况。

（2）目标区域政府近 5～10 年发布的统计年报、年鉴等经济指标，主要了解分析目标区域的整体经济水平、GDP、城乡居民收入水平、可支出收入、消费水平、物价指数及其变化情况、趋势等。

（3）目标区域近5～10年批准建设用地的规模、结构以及土地实际供应与成交情况。

（4）目标区域的房地产投资规模、发展规划、竞争格局，对比投资热度和去化速率情况。

（5）目标区域房地产行业新开工面积、施工面积、竣工面积、销售面积，最好能针对住宅、商业、写字楼、酒店等业态进行分类分析。

中建西南总部大楼主要对成都的宏观经济环境、居民收入、消费水平等进行分析，重点分析天府新区的整体经济水平。

成都是国务院确定的国家重要高新技术产业基地、商贸物流中心和综合交通枢纽，是西部地区重要的中心城市。截至2018年，成都市实现地区生产总值（GDP）15342.77亿元，按可比价格计算，比上年增长8.0%。三次产业结构为3.4：42.5：54.1。按常住人口计算，人均地区生产总值94782元，同比增长6.6%。居民收入稳定增长，实现城镇、农村居民人均可支配收入42128元、22135元，分别增长8.2%、9.0%，连续四年增长量稳定在8.0%、9.0%以上。

天府新区是四川省下辖的国家级新区，2020年规划总人口为350万人，由天府新区成都片区和天府新区眉山片区组成，规划总面积为1578平方公里。截至2018年底，天府新区累计完成地区生产总值1.05万亿元、年均增长9.4%，累计完成固定资产投资8508.4亿元、年均增长16%，累计引进重大产业项目590余个、协议总投资突破1万亿元。其中，仅2018年就完成地区生产总值2714.1亿元。

成都经济保持平稳发展，天府新区作为国家级新区，近年来发展前景一片向好，对房地产项目开发具有重要支撑作用。

1.2 土地政策研究

1.2.1 国家土地政策

十一届三中全会上实现了家庭联产承包责任制。

1993年11月5日《中共中央、国务院关于当前农业和农村经济发展的若干政策措施》中明确提出：为了稳定土地承包关系，鼓励农民增加投入，提高土地的生产率，在原定的耕地承包期到期之后，再延长三十年不变。

2002年8月29日，第九届全国人民代表大会常务委员会第二十九次会议通过的《中华人民共和国农村土地承包法》。该法第二十条规定：耕地的承包期为三十年，草地的承包期为三十年至五十年。

随着工业的发展，城镇化进程是中国发展的必然趋势，在中国城镇化快速推进的过程中，越来越多非农产业在城镇聚集、农村人口不断地涌向城镇集中地区，土地政策也相应发生变化。2019年之前，农户在城市买房后，需把户口迁入，旧有农村宅基地交还。2019年颁布的《中共中央、国务院关于坚持农业农村优先发展做好"三农"工作的若干意见》中，明确要保持农村土地承包关系长期稳定不变，研究出台配套政策，指导各地制定第二轮土地承包到期后延包的具体办法，确保政策衔接平稳过渡，坚决保障农民土地权益，不得以退出承包地和宅基地作为农民进城落户条件。由此可见国家土地政策的发展始终是以民为本、为民服务。

1.2.2 成都土地政策

《中华人民共和国土地管理法》修正案（草案）提出，要健全宅基地权益保障方式，完善宅基地管理制度，探索宅基地自愿有偿退出机制。成都也在积极探索适合本地的土地政策。2017年成都发布《关于创新要素供给培育产业生态提升国家中心城市产业能级土地政策措施的实施细则》，里面涵盖14条土地新政，提出成都"东进、南拓、西控、北改、中优"的战略部署。其中"南拓"重点是坚持"全域规划"理念，对天府新区规划和城市设计进行系统优化，将天府新区建成具有国际水准和全球竞争力的高新技术产业聚集区、新经济增长区和高品质城市新区。

在工业用地供应方面，成都采用租赁、弹性年期出让和使用标准厂房等多种供应方式，逐步实现工业项目用地的精细化供应。

在成都，产业企业可根据项目的特性因素，申请不超过10年期租赁或不超过20年期出让等用地方式。成都政府鼓励原土地使用权人依法通过自主、联营、入股、转让等多种方式对其使用的存量土地按规划进行再开发。

1.3 区 域 规 划

1.3.1 区域规划特点

区域规划是关于地区的资源开发利用，环境治理保护与控制，生产建设布局，城乡发展以及区域经济、人口、就业政策的综合性规划。要认清其特点，才能对区域规划有更准确地把控（表1-1）。

区域规划特点 表1-1

特点	含　义
目的性	即应明确该区域规划需要解决的问题
前瞻性	突出规划的超前性,加强规划的指导性、科学性和有效性
综合性	指的是规划内容的广泛性和规划思想的系统性
战略性	指的是区域发展的方向性规划,重点是从宏观着眼,对社会经济发展中的资源开发、环境整治和建设布局等具有决定意义的问题做出决策
地域性	区域规划要因地制宜,扬长避短,反映出规划区域的特色,更要在保持规划区域范围调试的完整性和系统性的前提下,均衡发展

1.3.2 区域发展规划的研究内容

研究区域规划，就是把握区域未来的发展方向以及政府的规划布局。清楚了解一个区域的战略规划，明晰政府在该地区经济发展的主导方向，也就是了解该地区的产业发展模式。目前，从国家层面来看可以分为三个区域：东部、中部和西部。每个区域的工业模式和开发时间是不同的。对于地方性区域规划，了解该区域建设总体布局的主攻方向，在选择区域经济中心、发展轴、产业聚集带以及重点开发基地和重点防护地区上进行重点关注和合理取舍。

中建西南总部大楼位于成都市天府新区，属于成渝城市群。成渝城市群是西部大开发的重要平台，是长江经济区的战略支撑，是国家推进新型城镇化的重要示范区。该城市群以西南地区为基础，向西北方向辐射，面向欧洲和亚洲，建设高水平的现代工业体系，建设优质的生活环境，提高对外开放水平，加强"一带一路"、长江经济带和西部大开发的建设发展。构建"一轴、两带、两核、三区"的空间格局，充分发挥重庆、成都的双核驱动功能，以成都、重庆为主轴，提高空间利用效率，两地互相联动，协调发展。在重庆，发展的重点就是西进，呼应成都。而在成都，重点是东拓南进，提高城市的宜居性和舒适度，建立城市空间的四层城市体系。将成都打造成为西部经济中心、科技中心、金融中心、文创中心和对外交往中心的现代化国际大都市。

天府新区产业规划结构为"一带两翼、一城六区"（表1-2）。

天府新区产业规划　　　　表1-2

	内涵	功能
一带	高端服务功能聚集带	主要布局金融商务、科技研发、行政文化等高端服务功能
两翼	东西两翼的产业功能带	以现状经开区和成资工业园为基础打造高端制造产业功能带
一城	天府新城	集聚发展中央商务、总部办公、文化行政等高端服务,建成区域的生产组织和生活服务中心,提供完善的生产生活配套服务
六区	(1)成眉战略新兴产业功能区 (2)空港高技术产业功能区 (3)龙泉高端制造产业功能区 (4)创新研发产业功能区 (5)南部现代农业科技功能区 (6)两湖一山国际旅游文化功能区	依据主导产业和生态隔离划定的六个产城综合功能区,聚集新型高端产业功能,并独立配备完善的生活服务功能

天府新区将从铁路、航空、道路三方面大力改善区域交通状况，成为连接成都与省内城市和重庆贵阳等西区城市的重要纽带。轨道交通线网将形成"三横三纵"的格局，新区内将修建4条轨道快线，同时有6条地铁线延伸至新区，目前均处于开工和计划开工阶段，所有线路将在2020年前开通。公共配套涵盖文化设施、体育设施、学校和农贸市场等基本便民设施。

1.4　区域发展战略

区域发展战略是区域经济全面发展的思想、思路和规划。从区域经济发展的客观规律出发，预测区域经济的未来发展方向，找到适合区域现实和经济发展相对平稳的道路。

天府新区的区域发展战略为"到2020年，初步建成鹿溪智谷、天府中心和成都科学城起步区，成为西部地区最具活力的新型增长极；到2035年，基本建成天府新区核心区，经济总量站上万亿级台阶，成为内陆开放经济新高地；到 2050 年，全面建成天府新区，成为最具产业活力、城市张力和人文魅力的新极核，成为宜业宜商宜居的国际化现代化新城"。

1.5 项 目 选 址

项目选址是区域规划非常重要的一个环节，不仅影响整片区域的经济发展，还影响环境问题。同时，选址也是项目开发工作的首要任务，选址的好坏将对后期的投资、建设与运营产生巨大的影响。

1.5.1 地区的选择

选址时，主要考虑的因素包括：区域位置、社会因素、经济因素、交通条件。下面对各项因素逐一进行分析讨论：

（1）区域位置

位置决定了场地（工厂）与市场之间的距离，不仅直接影响项目的效益，而且还涉及产品或原材料的可运输性，影响产品或原材料的选择。区域在进行选址时应尽量靠近原材料产地，这样便于保证原材料供应，节约成本，提高利润。区域选址时还应尽量靠近消费地区，从而节约营销成本。比如选址在经济发达地区，那相当于是自带媒体，在前期的宣传过程中也会节约成本，对项目发展具有良好的促进作用。

（2）社会因素

1）　政府和相关政策的支持

主要取决于国家和成都当地政府颁布的一些支持性文件。比如说经济社会发展的总体战略布局、发展区域特色经济政策、国家及地方经济技术开发区政策、国防安全等因素，建设项目对公众生存环境、生活质量、安全健康带来的影响及公众对建设项目的支持或反对态度等相关文件。

2）人力资源

主要包括劳动力的市场与分布、资源、素质、费用等。前期项目的发展，需要大量的人力资源。

（3）经济因素

区域的选址就是变相的投资。前期建厂投资费用包括用地、移民、拆迁、建设等费用。项目投资人也需要分析这些方面的成本与后期的回报是否成正比关系。

（4）交通条件

交通运输的发展情况可以影响整片区域的经济发展状况，也是未来商业圈的主要影响因素之一。包括铁路、公路、水路、空运、管道等运输设施及能力。例如：房地产项目在进行选择时，必须具有预见性，好的地理位置可以提高项目在同类产品中的竞争力和影响力。

1.5.2 影响因素之间的权衡与取舍

总而言之，在进行选址时并非一个因素就能决定最终结果。在实际操作过程中，需要仔细、专业的对各种因素进行综合分析，而且不同行业有不同的侧重点，需要运用专业的手段和方法对影响因素进行综合评价分析，最终得出最为优化的结果。

（1）认真分析与设施位置密切相关的因素，区分决策中的主次因素，把握重点。

（2）在不同的情况下，同一影响因素会产生不同的影响。因此，绝对不能完全照搬现有经验。

（3）对于制造业和非制造业企业，需要考虑的因素以及同一因素的影响性可能会有很大的差异。

1.5.3 选址的一般步骤

（1）明确目标。对于区域选址的目标首先要有一个清楚的界定。

（2）制定初步候选方案。收集相关数据，分析各种影响因素制定初步候选方案。

（3）初选方案的详细分析。一般来说，通过第（2）步会得出多个方案，此时需要确定考评因素，然后对这些方案进行综合评价与分析。

（4）最终方案的选择。经过上述分析，可以得出各方案的利弊，从而找到最优的方案，即为最后的方案选择。

以上对于区域选址、影响因素以及选址步骤进行了简单的分析，在实际应用中，项目开发者应综合上述步骤和因素并运用一定的方法来对区域进行项目选址。

中建西南总部大楼选址过程中主要对天府新区的经济环境、土地政策、区域规划、区域发展战略进行分析（表1-3）。

<table>
<tr><td colspan="2">区域选址因素分析</td><td>表1-3</td></tr>
<tr><td>区域因素</td><td colspan="2">四川天府新区以成都高新技术产业开发区、成都经济技术开发区、成都临空经济示范区、彭山经济开发区、仁寿视高经济开发区以及龙泉湖、三岔湖和龙泉山脉为主体</td></tr>
<tr><td>社会因素</td><td colspan="2">2018年成都市普通商品住宅市场依然处于楼市调控中，尤其是"5·15楼市新政"后，成交价在5月出现高峰，到6月有明显回落。调控新政策出台后，需求受到抑制，市场短期内呈现出一种下降态势，但随着人们对政策的适应以及理性的需求，以及新房备案价的不断提高，未来成都市普通商品房市场成交价格依然会有上涨的趋势</td></tr>
<tr><td>经济因素</td><td colspan="2">截至2018年底，天府新区累计完成地区生产总值1.05万亿元、年均增长9.4%，累计完成固定资产投资8508.4亿元、年均增长16%，累计引进重大产业项目590余个、协议总投资突破1万亿元。其中，仅2018年就完成地区生产总值2714.1亿元</td></tr>
<tr><td>交通条件</td><td colspan="2">区域将从铁路、航空、道路三方面大力改善交通状况，成为连接成都与省内城市和重庆贵阳等西区城市的重要纽带；天府新区轨道交通线网将形成"三横三纵"格局，新区内将修建4条新区轨道快线，同时有6条地铁线延伸至新区，目前均处于开工和计划开工阶段，所有线路均将在2020年前开通</td></tr>
</table>

因成都调控政策主要针对住房市场，中建西南总部大楼受社会因素影响较小，各因素重要性顺序为：区域因素>交通条件>经济因素>社会因素，综合考虑各因素的影响，对选址方案进行筛选后，确定项目位置（图1-2）。

图 1-2　项目选址图

本 章 小 结

　　中建西南总部大楼开发项目是在充分学习和分析了《四川省成都天府新区总体规划（2010—2030）》文件及成都市"东进，南拓，西控，北改，中优"的城市发展规划十字方针后，利用中建总公司与成都市政府良好的合作关系，快速签订战略合作框架协议，以此为背景，加强与天府新区管委会的沟通交流，充分研读了成都市南拓的发展战略。在一级土地市场中以合理优惠的价格取得了天府新区核心区秦皇寺中央商务区中 35 亩的商业用地开发权。项目选址工作取得阶段性成果，为总部经济蓝图协同效应打下坚实的基础。

2

项 目 定 位

对区域市场环境进行全面分析后，要通过项目前期定位确定区域总部大楼项目的开发模式、体量、规模、业态、主题、客户群体和价格，以指导区域总部大楼项目设计、建设、招商、运营。区域总部大楼项目往往业态复杂，项目定位工作对于此类项目尤其重要。本章重点介绍中建西南总部大楼在定位前的市场调研工作以及结合市场调研结果进行的市场定位、功能定位、客群定位、价格定位及产品定位（图2-1）。

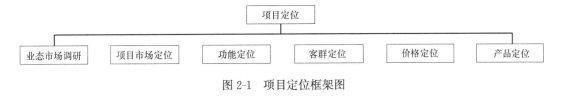

图 2-1 项目定位框架图

2.1 业态市场调研

专业市场调研是在对宏观经济市场、政策环境有了初步认识和一定了解后，从区域总部大楼可能涉及的业态范围进行的全面、专业调查分析的摸底过程，也是为总部大楼项目的开发提供第一手资料和结论建议的过程。专业市场调研从分析目标区域的投资环境，产业扶持政策到了解项目所在地的地理、水文、规划、交通、配套、消费、竞品，重点把握行业竞争格局，通过对比分析得出初步结论。

2.1.1 业态市场调研内容

区域总部大楼市场研究工作实际是将项目外部资源和内部资源进行系统性的梳理，其前期调研侧重点有三个：

（1）消费者及商户信息调研，这两者研究的成功与否决定项目定位的是否成功。

（2）市场数据与信息收集，收集信息的多少直接影响商业项目定位是否合理。

（3）项目定位前，既要从宏观上对经济及市场发展情况做出分析与预测，又要从微观上结合实际来分析项目地块及主力消费群特征。

区域总部大楼市场的内容包括区域社会经济调研、市场发展调研、项目地块分析三个板块，具体如下：

（1）区域社会经济调研（表2-1）

区域社会经济调研是项目投资前基础判断的前提，做宏观经济分析可判断市场基本需求，为项目产品及投资风险控制提供参考。

社会经济各指标及其作用 表 2-1

指　标	作　用
区域生产总值(GDP)分析	反映区域经济的基本面
社会零售品销售总额	反映区域零售业发展水平
城市居民人均可支配收入	反映区域人口消费能力
常住人口总量/流动人口总量	反映区域城市化水平、城市发展水平
旅游人数及收入(年)	反映区域旅游资源的多寡及收入状况
实际外商投资金额	反映区域营商环境及其吸引力
城镇居民恩格尔系数	反映区域人口消费水平

（2）市场发展调研（表 2-2）

市场发展调研可以让开发商了解城市发展规划和政策环境，在符合政府规划和产业引导方面提供满足市场潜在需求的产品。

市场发展调研及其作用 表 2-2

指　标	作　用
企业发展战略与目标	即开发行为最终要实现的目的,以此作为指导定位的大原则
城市资源,政策环境	梳理可用于项目的各项资源
城市发展规划	项目所在区域属性及发展前景
土地供应情况	未来市场竞争状况
市场需求	产品定位的直接依据
投资环境与产业指导	项目如何借势

（3）项目地块分析

商业项目的地块分析见表 2-3。

项目地块分析 表 2-3

地理位置	包括项目四周范围,周边用途,区域形象,配套设施和可视性研究
地块特征	诸如面积、形状、地形、临街面、与相邻建筑物的景观等研究
地块开发限制	诸如土地用途、覆盖率、容积率和限高等研究
地块交通情况	诸如进出口、交通状况、未来交通发展和大道城市核心区域等研究

2.1.2 中建西南总部大楼业态调研

中建西南总部大楼的区域社会经济调研、市场发展调研在第一章进行了分析，这里重点分析项目的地块情况及写字楼、高星级酒店、服务式酒店三种业态的市场情况。

中建西南总部大楼位于成都市天府新区秦皇寺中央商务区，北接江苏路，西邻中国西部博览城，和中央公园、天店大道四川省行政办公区（规划）相望（图 2-2）。

地块总用地面积 2.3755 万 m^2，净用地面积 1.5633 万 m^2，容积率为 5，总建筑密度 40%（表 2-4）。

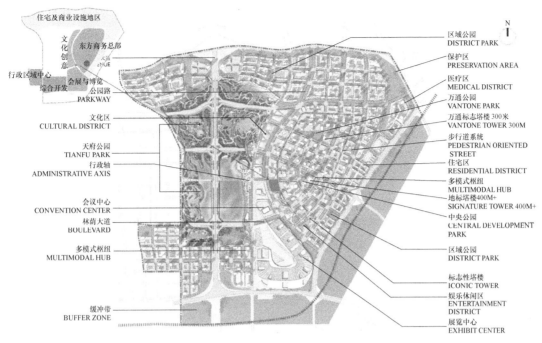

图 2-2 项目地块位置

地块规划指标   表 2-4

指标	项目地块
总用地面积(万 m²)	2.3755
净用地面积(万 m²)	1.5653
计容建筑面积(万 m²)	7.8
容积率	5
总建筑密度	40%
建筑高度(m)	不小于 120 且不大于 160
其他	企业总部建面不少于 6 万 m²,商业建面不少于 0.8 万 m²

成都写字楼主要聚集在四个区域:CBD、人南总部商务区、东大街、天府新城,热销面积主要集中在 $200\sim300$ m² 和 $50\sim100$ m²,目前市场供大于求,未来有大量的供应量。城南写字楼市场面临巨大去化压力和激烈竞争,大源板块目前有 220 万 m² 的写字楼体量,月均区划集中在 $2000\sim4000$ m²/月,空置率约 $20\%\sim60\%$,未来还将供应 224 万m²。天府大道南延线现有体量 7 万 m²,月均去化率 1800m²/月,空置率 10%,未来将新增供给 8.5 万 m²(表 2-5)。

区域写字楼租金及供给   表 2-5

	现有体量 (m²)	价格 (元/m²)	租金 (元/m²/月)	月均去化 (m²/月)	空置率	未来供应 (m²)	去化时间 (月)
大源板块	220 万	10000~ 15000	甲级(90~110) 乙级(30~50)	集中在 2000~4000	20%~60%	224 万	78
天府大道南延线	7 万	9700	65	1800	10%	8.5 万	
秦皇寺	未来的企业总部和高端服务业聚集区 (如中铁项目、川航项目、中建项目、中交项目)						

整体来看，随着成都经济和商务的不断发展，高星级酒店保持稳定增长，并且越来越多的国际知名连锁酒店品牌进入成都。根据市场内已有的开发商项目规划和运营商发展计划，2013～2016年，成都新增高星级酒店供应量将超过6000间客房。未来3～5年，高星级酒店将集中供应，新建项目主要分布于市中心和南部新区。目前高星级酒店聚集区在核心商务区，未来的高星级酒店聚集区是在金融城、大源板块和秦皇寺区域（图2-3）。

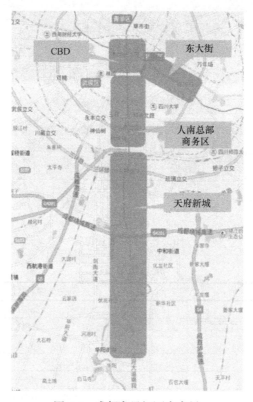

图2-3 成都高星级酒店布局

成都国际高级服务式酒店集中在成都主城区，房间数较多，入住率较高，客群以来蓉中高端商务人群中长期居住为主。大源板块现有项目65.8万 m²，天府大道南延线板块现有项目14万 m²。从成都范围来看市场供应较小，从项目周边情况来看，未来市场需求明显（表2-6）。

区域服务式酒店价格及供给 表2-6

板块	现有项目(m²)	价格 (元/m²)	去化 (m²/月)	客群
大源板块	65.8万	7000～12000	500～1500	投资：纯粹的投资客，因地段好、价低易出租、投资回报率高而选择。
天府大道南延线	14万	6000～8000	200～1000	自住：首次置业或者过渡性居住功能，同时也兼具一定的投资功能，多为刚参加工作、支付能力有限的青年置业

2.2 项目市场定位

在项目开发之前必须认真进行调研论证，因为只有前期具有精确的市场定位，才能保证项目后期的稳定发展和良好经营。项目前期定位的优劣直接影响项目成败、间接增强项目和企业竞争力、有利于有效整合项目资源。

2.2.1 市场定位标准

任何一个区域总部大楼项目，在开发之前都要经过精确的前期定位，前期定位是区域总部大楼项目运作的基础环节。

区域总部大楼项目定位要遵循可操作性、全面性、特色性、驱动型4个标准。

标准1 定位要有可操作性

区域总部大楼项目定位要具有可操作性，影响区域总部大楼可操作性有以下三个因素：

（1）国家的法律法规和地方政策；

（2）商业资源的配置；

（3）企业自身的开发实力。

标准2 定位分析要全面

对于区域总部大楼项目而言，影响定位的因素除了项目自身，更重要的是消费因素和商圈因素。

标准3 定位要有特色

区域总部大楼项目定位的特色，是根据房地产企业开发、企业文化、周边环境、文化概念等集约整合、升华出最具吸引力的"诉求点"，并以此去吸引相应的目标。如今的区域总部大楼已经进入追求特色和个性的时代，个性就是竞争力，特色正成为区域总部大楼项目生存与发展的灵魂，有特色的项目才能在竞争中取得成功。

标准4 定位与市场相互驱动

驱动市场型项目则是做预期营销和塑造需求营销，其重心在于创造新的需求。目前大多数区域总部大楼项目属于市场驱动型项目，其重心在于研究商圈的饱和度和消费者需求；而驱动市场型项目的重心在于创造新的需求，这种项目虽然风险较大，但是一旦成功就可以获得超额利润。因此，区域总部大楼项目定位时要兼顾这两种类型，做好市场驱动型项目并努力向驱动市场型项目发展。

2.2.2 市场定位的方法

区域总部大楼项目定位需要具有系统性。项目定位应适度超前，即在商业项目定位前，充分考虑当地产业结构、商业发展水平、居民消费水平等。

（1）项目所属地区区域总部大楼发展阶段判定

项目的定位不能超过城市或地区的发展阶段，但可以根据发展趋势预先确定。

首先，判断城市发展的阶段。区域总部大楼的发展与城市的发展息息相关，城市经济水平和人口结构的发展变化将制约和影响区域总部大楼的发展。

其次，判断城市写字楼商业的发展阶段。一般来说，出现城市综合体是商业发展到较高阶段的产物，写字楼带给客户的不仅仅是一种单纯的办公需求场所，越来越多的写字楼更加看重带给入驻客户一种全新的商务体验和办公方式，为企业发展助力。

最后，判定项目的区域属性。项目区域属性的研判实际上是判断项目有哪些限制性条件。

（2）盈利模式判定

决定综合体项目是销售还是自持，对于商业项目定位、建筑规划设计及后期运营管理具有重大影响，因此区域总部大楼项目在定位及设计之前，一定要先确定项目盈利模式。

影响项目盈利模式的主要因素有：项目资金来源（有无金融支持）；产品形态；发展战略及资金情况（表2-7）。

区域总部大楼项目的五种盈利模式 表 2-7

经营模式类型	租售搭配	适用商业形式	对开发商的要求
模式1：整体/分层出租 开发商不将物业出售，而是将其整体/分层出租给不同租户，由开发商每年向租户收取约定租金	出租型	高档写字楼综合体	资金实力强，开发商无需成立商业经营管理公司
模式2：分散出租 开发商在某一主题定位下分开招租，引进若干主力客户，再利用主力客户品牌效应，对各中小企业招租，是多数综合体会采用的模式	含有综合商业、酒店的综合体	资金实力强，开发商需成立专业的商业管理公司，是长期区域总部大楼的开发行为	
模式3：分拆出售 将综合体分割成若干个单元，面向多个投资者做销售的方式，从而回笼资金，确保项目盈利	销售型	普通写字楼 商业街区 商业广场 配套底商	分拆出售后的商业物业对发展商的经济实力和品牌形象都是挑战
模式4：整体出售 写字楼商业全部出售，面向企业或大型投资机构做销售	高档写字楼，大型购物中心	需要开发商有实力，操盘者尤其是要采取定制化连锁开发模式	/
模式5：售后返租 在模式3的基础上，以返租的形式从购房者手中取得商业写字楼的经营权，其返租率必须高于银行贷款利率	销售出租组合	优质写字楼 商业街铺 街区式购物中心	开发商对资金平衡较为敏感，后期对开发商的经营招商能力很有挑战性

2.2.3 中建西南总部大楼市场定位

结合市场定位标准，中建西南总部大楼的市场定位目标有以下四点：

（1）为选址确定科学合理的开发模式

先确定开发运营模式，分析项目后期使用消费对象、规模体量、业态需求，再进行建筑设计，最大限度地减少后期运营维护的成本费用，从而降低区域总部大楼的风险。为商业项目确定主题、规模、客户群体及价格，为开发商选址合理科学的开发模式。

（2）为项目制定主题、风格、特色

确定主题风格特色，定位是帮助开发商在项目建设之前就确定主题特色。主题特色是项目的灵魂，引领项目的发展，决定项目的成败。

（3）降低开发风险，提高收益

中建西南总部大楼的前期定位要求在开发之前、定位之前先与潜在客户接触洽谈，把握市场的需求状况。对目标客户的具体使用标准和选址要求非常清晰，从而降低开发风险，提高收益。

（4）契合市场，形成竞争优势

准确的市场前期定位能够有效地吸引消费者，让项目留给客户深刻的印象，引起客户和消费者的使用欲望，从而形成竞争优势。

根据项目市场定位的目标，成都目前处于经济平稳增长阶段，第三产业发展迅速，办公需求旺盛，中建西南总部大楼位于秦皇寺板块，属于天府新区中心商务圈，因此中建西南总部大楼定位为：

秦皇寺 CBD 地标，占领区域商务制高点；

中建形象之门，企业区域发展新纪元；

多元办公物业主导，服务型物业综合配套；

引领产城一体化趋势，宜业宜居新阵地。

各物业的定位及开发模式见表 2-8。

各物业定位及开发模式　　　　　　　　　　　　　　表 2-8

物业类别	写字楼	酒店	配套商业
规模	66000m²	8000～9000m²	3000～4000m²
物业定位	中建西南总部大楼企业自用型甲级办公楼	小户型精装酒店	普通配套零售
定位阐述	区域地标性建筑，新一代生态办公物业领跑者，府新区立体生态建筑的代言人	为中建及秦皇寺 CBD 区域的企业提供商务配套，满足他们的品质居住需求	以服务商务人群为主的小而精商业配套
开发模式	自持	销售（与酒店合作）	销售

2.3　功　能　定　位

前期定位是区域总部大楼项目运作的核心和灵魂，是决定项目成败的重要环节。而功能定位则是区域总部大楼项目的骨架和经脉，决定了项目的起点、档次和高度。

区域总部大楼是一种多业态组合的商业模式，但不是无序的大杂烩，而是具备明确经营目标的主体。

不同的业态拥有不同的功能，概括来说，区域总部大楼项目一般有五个业态功能：办公，休闲，娱乐，服务，以及部分购物功能。其中以办公商务功能为主，其他均为服务于办公商务要求的配套附属功能。

区域总部大楼的招商目标要在功能和形式上形成同业差异，异业互补。所谓同业差异，简单来说就是市场有一定的区分度，不能盲目引进同一类型的商家，相互补充的目的是满足客户消费的多重选择，提高消费兴趣。

中建西南总部大楼根据规划条件，考虑了三种不同的功能组合方案，如图 2-4 所示。

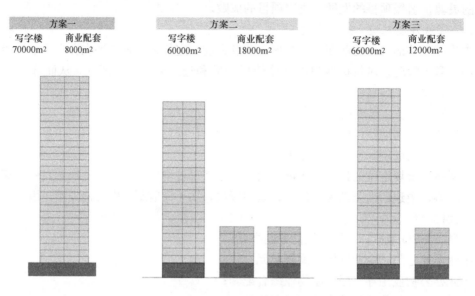

图 2-4 组合方案

针对上述三种方案，从市场角度及财务角度进行方案比选。

市场角度：大源板块住宅价格区间为 8000～12000 元/m²，酒店价格在 7000～22000 元/m²；天府大道南延线板块住宅均价在 6000～8000 元/m²，酒店价格为 6000～8000 元/m²，可以看出，从大源板块向南，酒店价格低于住宅，难以消化，应尽量减少酒店体量。

财务角度：方案一开发资金压力大，后期持续利润高；方案二开发资金压力小，后期持续利润低；方案三平衡了前期开发压力和后期回报（表 2-9）。

各方案财务测算   表 2-9

	方案一	方案二	方案三
收入因素考量			
项目销售收入	2.55 亿元	2.69 亿元	2.30 亿元
项目租赁收入	16.1 亿元	13.9 亿元	15.2 亿元
财务表现考量			
NPV(税后)	23335	19861	21025
投资回收期	10.29 年	10.44 年	10.47 年

结合市场及财务评价两个维度，给出中建西南总部大楼的功能配比建议：写字楼 66000m²（15%），商业配套 12000m²（85%）。

2.4 客群定位

2.4.1 客群价值

区域总部大楼项目的客群主要有两类:一是未来会入驻到区域总部大楼办公的商户;二是将会购买区域总部大楼项目写字楼、商铺的投资者。在这两种客户中起关键作用的是入驻商户,他们的需求直接影响投资者。区域总部大楼客群定位主要包括两方面的内容:

(1)入驻商户定位

1)区域总部大楼项目的消费群体及商圈范围,如果是新区域的产业链型写字楼,就要围绕某一确定的主产业为导向服务选择招商对象;如果是繁华闹市型的区域总部大楼,就要考虑更大区域客户的商务、交通、配套等需求。

2)不同的经营特色采用不同的商品陈列方式,需要制定不同的招商计划。

3)项目本身的建筑特点。建筑条件同样是影响商家进驻的重要因素。

4)项目的品牌效应。

5)未来的消费发展趋势。

(2)投资者前期定位

区域总部大楼的投资者一般都关心投资回报和项目的可持续发展前景,企业一定要准确把握这种需求。对投资者进行需求调研的要点见表 2-10。

投资者需求调研要点 表 2-10

要点	说 明
对区域商业的预估	投资者对于区域商业的前景会做出自己的判断,包括区域现有商业价值、未来商业价值、眼前收益和未来收益等
投资意愿	主要包括投资者的投资倾向、特点、心理等,以及投资者偏好的投资渠道、投资产品、预售年回报率、对风险的态度等

2.4.2 中建西南总部大楼客群定位

中建西南总部大楼目标客群定位从写字楼、酒店、商业业态着手进行分析。

(1)写字楼客群分析

写字楼 91% 用于企业自用,余下 6000m² 写字楼目标客群从中建上下游相关企业、区域产业导向、南区写字楼主力购买客群、南区写字楼购买客群四个维度考虑。

基于区域及周边当前产业状况,并结合天府新区未来发展规划,筛选办公物业发展支撑的主要产业(表 2-11)。

办公物业支撑的主要产业 表 2-11

主要行业	描 述
制造业	天府新区支柱产业之一,所需面积大、支付能力较强,对软硬件要求较高
高科技	产业聚集度高,所需面积较小,支付能力较弱,对软硬件要求一般
贸易/零售/会议会展	对软硬件要求一般,支付能力弱

续表

主要行业	描述
房地产/建筑业	产业聚集度高,所需面积大、支付能力强。对物业形象及软硬件有一定要求
现代服务业	要求较好的展示性、支付能力强
能源化工	产业聚集度高,对软硬件要求较高,支付能力强,所需面积一般
金融业	所需面积大,支付能力强,对软硬件要求高,对地段和形象展示要求高

从成交案例的购买客群来看,金融、建筑设计、商业与专业服务、批零商贸等购买实力较强,占全部客户的90%左右。

从周边典型项目的实际使用客户来看,金融业、信息技术、建筑工程、房地产、商业服务业等传统行业对于写字楼的需求仍然占主导地位,约占全部客户的60%以上。

基于上述分析,中建西南总部大楼以中建上下游关联企业为核心客群,重点吸纳建筑/房地产行业、能源化工、商务服务业等企业,积极争取制造业、贸易零售及其他城南企业(表2-12)。

中建西南总部大楼写字楼目标客群　　　　　　　　　　表2-12

分类	客户	重点客户特征
核心客户	中建上下游企业	建筑产业链上下游企业
重要客户	建筑/房地产企业,能源化工商务服务业	电力或矿石能源型企业; 外资专业服务业; 外资办事处
边缘客户	制造业 贸易零售 主要业务在城南的企业 或其他城南企业	国内、省内大中型制造企业; 外资贸易

(2)酒店客群分析(表2-13)

中建西南总部大楼酒店产品客群以投资客户为主,兼顾过渡居住客户,关注要素集中于总价、地段和户型。

中建西南总部大楼酒店客户的主要特征:并非作为主要居住场所,大多数不是首次购房;明显的投资倾向、需求小户型低总价;周边产业人群。

中建西南总部大楼酒店目标客群　　　　　　　　　　表2-13

	客群特点	置业目的	关注点
投资客	纯粹投资客,对于秦皇寺区域较为看好的周边城市投资者为主	投资	地段、总价、投资回报率
企业内部需求	中建西南总部及相关企业的内部员工	过渡居住投资	地段、总价、户型
其他	周边居民或者其他企业员工及部分拆迁户	投资	地段、总价、户型

(3)商业客群分析(表2-14)

中建西南总部大楼商业的消费客群以中建及附近办公客群为主,兼顾会展商务人群和附近高端住宅人群。

中建西南总部大楼商业消费客群　　　　　　　　　　　表 2-14

人群	商务群体	中高端住宅人群
人群特征	年龄 25～40 岁； 常驻商务办公人群和会展、差旅人群； 分布在项目及周边的办公楼、酒店中	年龄 25～40 岁； 具有一定生活品质的高端居住人群； 分布在区域高品质住宅内
消费习惯	随机消费和就近消费； 社交宴请娱乐消费,集中为餐饮、娱乐； 消费能力较高但消费概率中等	就近消费和习惯性消费； 主要集中为餐饮和生活配套； 消费单价较高,且频次很高
消费需求	对消费环境的要求较高； 对中高档零售也有一定的消费	对距离要求高； 对环境、品质要求高

中建西南总部大楼商业的购买客群特征为投资性购买为主,对总价和投资回报率敏感。

2.5　价格定位

价格定位是地产开发实现预期价值的关键,定价的高低很大程度上决定了区域总部大楼招商是否成功,只有做好项目的价格定位,才能使区域总部大楼项目实现预期收益,促进项目招商和销售的正常进行。价格定位包括写字楼、商业、酒店以及配套酒店、住宅等租赁价格和销售价格的定位,其中涉及各业态功能物业的定价方法。

2.5.1　定价方法

定价方法是企业为实现目标市场的定价目标而设定产品的基本价格和浮动范围的一种方法。虽然影响产品价格的因素很多,但公司在设定价格时主要考虑产品成本,市场需求和竞争。产品成本是决定价格的基础,而竞争对手价格和替代价格提供了企业在规定价格时的参考框架。在实际定价过程中,公司倾向于关注一个或几个对价格产生重大影响的因素,以选择定价方法。房地产企业的定价方法通常包括成本导向定价、需求导向定价、竞争导向定价和可比房地产定量定价(表 2-15)。

定价方法　　　　　　　　　　　表 2-15

成本导向定价	成本加成定价方法	在单位产品成本的基础上,加上一定比例的预期利润作为产品的售价。售价与成本之间的差额即为利润。这里所指的成本包含税金
	目标收益定价法	在成本的基础上,按照目标收益率的高低计算售价的方法
	售价加成定价法	以产品的最后销售为基数,按销售价的一定百分率计算加成率,最后得出产品售价
需求导向定价	理解值定价法	估计和测量在营销组合中的非价格因素变量在消费者心中建立起来的认识价值,然后按消费者的可接受程度来确定楼盘的售价
	区分需求定价法	指某一产品可根据不同的需求强度、购买力、购买地点和购买时间等因素,采取不同的售价

续表

竞争导向定价	随行就市定价法	企业使自己的商品价格跟上同行的平均水平
	追随领导者企业定价	以同行中对市场影响最大的房地产企业的价格为标准,来制定本企业的商品房价格
可比楼盘量化定价法		18个定级因素,分别为位置、价格、配套、物业管理、建筑质量、交通、城市规划、楼盘规模、朝向、外观、室内装饰、环保、发展商信誉、付款方式、户型设计、销售情况、广告、停车位数量。此18个因素,共分五等级,分值为1、2、3、4、5分。分值越大,表示等级越高

2.5.2 制定合理定价目标

追求利润最大化是开发商的定价目标。但是,追求利润最大化并不等于固定的高价,而是应该追求企业长远目标的利润最大化。高价带来的高利润一般持续时间较短,而且会逐渐被市场所淘汰。因此必须基于长远目标,认真研究市场趋势来制定合理的定价目标。

2.5.3 合理定位

目前,房地产定价常用的定价方法有成本导向法和需求导向法。在分析了各种影响因素后,价格的定位是巧妙的。具体来说,一般先设定内部认购期价格,以了解市场接受程度。可以采用成本加成方法,并参考附近区域的价格,该价格较低。如果市场表现良好,可在公开发行时向上调整,幅度不宜过大。如果市场表现冷淡,则意味着价格设置较高。可以采取措施改善装修,增加提供优质服务,或发送管理费和其他附加费,以吸引客户,争取公开销售成功。简言之,楼盘开盘后,价格只应涨而不应跌,给顾客信心,激发潜在顾客的购买欲望。

2.5.4 中建西南总部大楼价格定位

根据项目特点,中建西南总部大楼价格定位采用成本导向法和需求导向法相结合的定价方法,写字楼业态采用市场比较法,酒店业态采用成本加成法与市场比较法相结合,商业采用市场比较法。

(1)写字楼价格定位(表2-16)

中建西南总部大楼写字楼物业全部自己持有,因此我们选择了大源板块三个甲级品质且自持型写字楼项目,根据可比物业的规模、档次、硬件设施以及地理位置,赋予一定的权重,然后采用加权平均值的方法,得出中建西南总部大楼办公部分可实现的基本租金为85元/m²/月。

写字楼定价 表2-16

评分指标		参考案例			
	指标权重	希顿国际广场	中海国际中心	通威国际中心	中建西南总部大楼
区位	20%	9	9	9	7
商务配套	20%	9	9	9	7
交通状况	10%	9	9	9	7
片区成熟度	20%	9	8	9	6

评分指标	参考案例				
	指标权重	希顿国际广场	中海国际中心	通威国际中心	中建西南总部大楼
升值空间	10%	5	6	6	7
项目档次	20%	8	9	8	9
总评分	100%	8.4	8.5	8.5	7.2
租金水平	—	95	105	100	—
权重	—	30%	30%	40%	—
中建西南总部大楼租金水平	85				

（2）酒店价格定位

酒店采用市场比较法定价为 5762 元/m²，成本导向定价法定价为 6439 元/m²，综合两种定价方法，酒店售价定为 6100 元/m²（表 2-17、表 2-18）。

酒店市场推算法定价 表 2-17

	典型项目		××公馆		东方××		××城		××郡		本项目	
	项目	权重	得分	加权得分	得分	加权得分	得分	加权得分	得分	加权得分	得分	加权得分
区域条件	区位地段	10%	8	0.8	9	0.9	8	0.8	9	0.9	5	0.5
	周边配套	10%	8	0.8	9	0.9	9	0.9	8	0.8	4	0.4
	周边环境	5%	8	0.4	9	0.45	9	0.45	8	0.4	4	0.2
	交通条件	10%	8	0.8	9	0.9	9	0.9	8	0.8	5	0.5
	城市规划	5%	8	0.4	10	0.5	9	0.45	9	0.45	8	0.4
项目条件	产权年限	10%	8	0.8	8	0.8	8	0.8	8	0.8	8	0.8
	产品设计	5%	7	0.35	9	0.45	7	0.35	7	0.35	5	0.25
	建筑质感	10%	8	0.8	9	0.9	8	0.8	8	0.8	5	0.5
	花园绿化	10%	8	0.8	9	0.9	8	0.8	7	0.7	5	0.5
	装修情况	10%	0	0	10	1	10	1	0	0	0	0
	物业管理	10%	8	0.8	9	0.9	8	0.8	7	0.7	7	0.7
	品牌知名度	5%	8	0.4	9	0.45	6	0.3	8	0.4	10	0.5
	得分		7.15		9.05		8.35		7.1		5.25	
	参考项目权重		0.4		0.2		0.2		0.2		1	
	比较项目实际售价		8200		11000		7700		7500			
	本项目相对售价		6021		6381		4841		5546			
	本项目现时售价										5762	

酒店市场推算法定价   表 2-18

土地成本	897 元/m²	工程建设其他费用	31 元/m²
前期费用	265 元/m²	基本预备费	62 元/m²
建安费用	1540 元/m²	建设期利息	322 元/m²
基础设施费	300 元/m²	地下室成本	1979 元/m²
公建配套设施费	40 元/m²	成本合计	5473 元/m²
维修基金	39 元/m²	现时售价建议	6439 元/m²

（3）商铺价格定位

商铺定价采用市场比较法，如采用大面积销售，售价为此建议的 70％（表 2-19）。

商业定价   表 2-19

条件	参考权重	复城国际		蜀都中心		美年广场美岸		中建西南总部大楼	
		得分	加权得分	得分	加权得分	得分	加权得分	得分	加权得分
区位	12％	8	0.96	10	1.2	8	0.96	6	0.72
交通条件	11％	8	0.88	10	1.1	8	0.88	6	0.66
商业氛围	12％	9	1.08	8	0.96	7	0.84	5	0.6
人流量情况	13％	9	1.17	10	1.3	9	1.17	5	0.65
车流量情况	10％	9	0.9	10	1	9	0.9	5	0.5
建筑外观	6％	8	0.48	8	0.48	8	0.48	8	0.48
商业体量	10％	9	0.9	8	0.8	7	0.7	7	0.7
停车位	6％	8	0.48	8	0.48	8	0.48	8	0.48
管理经验	12％	9	1.08	8	0.96	8	0.96	7	0.84
品牌知名度	8％	9	0.72	8	0.64	9	0.72	10	0.8
得分		8.65		8.92		8.09		6.43	
权重		0.4		0.3		0.3		1	
首层售价		50000 元/m²		52000 元/m²		40000 元/m²			
中建西南总部大楼参考首层售价		14867 元/m²		11245 元/m²		9538 元/m²		35650 元/m²	

2.6 产品定位

企业区域总部大楼的产品定位是实现开发盈利的基础，做好产品定位，包括办公商务、酒店、住宅、商业等产品的定位，贴近市场，迎合客户需求，在满足区域总部大楼办公商务功能的同时，赋予项目独特的灵魂，即所开发的产品满足产业链发展的需要、为区域总部企业员工提供更加便利快捷的服务保障。主要包括：

2.6.1 选定项目档次和形象

区域总部大楼项目前期定位时，首先要确定项目档次，打造项目知名品牌和现代化商务经济圈,形成明显的差异化前期定位。

写字楼等级一般分为普通写字楼、乙级写字楼、甲级写字楼、超甲级写字楼,写字楼的等级高低决定了区域总部大楼的品质和档次形象,影响写字楼的客户标准和租售价格。

通过项目档次定位,企业可以为项目建立个性独特的品牌形象,打造特色鲜明的竞争优势,这不仅是从市场竞争中脱颖而出的关键,还是快速提升项目知名度和美誉度的重要手段。

2.6.2 选定建筑形态

区域总部大楼的建筑型态可以分为两大类,一种是以写字楼为主体的小型综合体,在各个省会城市重点打造的总部经济区域中比较常见。一般为 30~40 层的甲级写字楼,配套 4~5 层的底商或酒店,以满足企业区域总部的商务需求,像成都天府新区总部经济区的中交国际中心、中建西南总部大楼、中冶天府中心等。另一种是中大型城市综合体,如万科的深圳总部、阿里的杭州中心、华为的松山湖中心。其特征是 1~2 幢 10~20 层的高档甲级写字楼,配套有商务酒店、人才公寓、商业配套,有的甚至配备一定比例的住宅。

2.6.3 确定规模体量

在区域总部大楼项目的定位决策中,区域总部大楼项目的体量确定是严峻的问题,在目前大部分区域总部大楼的开发建设中,由于项目所在区域和地理位置原因,前期的市场培养是一个循序渐渐的过程,市场培养出来后,市场需求得到提升,原有的规模体量就相对较小。在培养出市场前,体量规模决定了投资额的多少、成本的高低,投资压力的增加。因此,在区域总部大楼做定时,一定要把握项目的投资规模和体量的一个度。一般来讲,区域总部大楼的商务办公面积控制在 6 万~8 万 m^2,商业及酒店配套控制在 1 万~2 万 m^2,地库最多不要越过 3 层,最好配合适量的住宅,在尽量用足容积率的前提下,控制项目开发规模和体量。

在实际操作地过程中,总部大楼的使用年限为 40 年产权商服用地,大多用来做酒店、写字楼、服务式酒店,甚至类住宅产品。特别是目前住宅热销的时代,顾问公司面临的问题其实有许多时候是在大商业范畴里的总体定位问题,即首先决定建筑指标如何在写字楼、纯商业、酒店、商住酒店、类住宅酒店里进行配比,然后才是各物业的分定位问题,这样的项目首先是确定体量,然后才确定其他业态物业体量的配比。

区域项目的规模取决于各种因素,包括政府强制性要求、区域属性、业务水平、业务圈范围、业务类型、业务圈内消费者数量、结构和质量、施工规划约束等。

如果总部大楼项目有政府强制性要求,必须至少有一定数量的办公楼和纯商业,则该量构成项目量的下限。

定义了区域总部项目的级别,基本可以确定项目的大体规模,简单来说,对于北上广深这样的超一线城市而言,城市级别的总部大楼项目规模一般在 10~30 万 m^2;一线城市级别的商业项目一般应在 5 万~15 万 m^2;其他二线城市级别的商业项目一般应在 1 万~5 万 m^2。从操作商业项目的经验来看,10 万~15 万 m^2 的项目用来操作区域总部大楼是最划算的。

通过对城市经济圈和潜在需求客户的分析,得出项目规模的上下限。最后,结合工程地块的特点和施工指标，确定最终的实际规模。对于控股区域总部大楼，其平面面积基本上可以由建筑用地和建筑密度决定。建筑层数根据城市水平确定。两者结合可以大致确定项目的建筑规模。对于销售型总部大楼，由于控制开发成本和得房率、单元面积与楼层数、使用对象有较大关联，其建筑规模会比较小。

2.6.4 中建西南总部大楼产品定位

（1）写字楼产品定位

中建西南总部大楼区域中低档次写字楼同质化竞争严重，去化情况不如甲级项目，而南区写字楼成交主力大客户主要看重项目的品质及持续性管理服务。因此中建西南总部大楼写字楼档次定位为甲级标准写字楼。中建西南总部大楼写字楼物业全部自己持有，因此选择两个甲级品质且自持型写字楼作为中建西南总部大楼的参考依据（表 2-20）。中建西南总部大楼所有写字楼物业可参考中海国际中心和明宇金融广场项目，选用现代风格的 LOW-E 玻璃幕墙。写字楼均有高低分区，以减少电梯等候时间。中建西南总部大楼办公楼预计建筑面积 6.6 万 m^2，该楼座电梯数量建议 17 部。大堂可做 3 层挑空，面积可在 800～1000m^2。

写字楼参考项目 表 2-20

	中海国际中心 E 座	明宇金融广场
面积	68000m^2	120000m^2
标准层建筑面积	2091.5m^2	1900～2100m^2
总建筑高度	100m	200m

另外，写字楼业态引入绿色建筑概念，生态绿色建筑可为发展商实现更高的投资及运营效益。

（2）酒店产品定位

40～50m^2 为成都 SOHO 的主力面积段，供应和存量最大，去化情况也最好，在各面积段去化情况中占比 30% 左右，说明小户型酒店的市场接受度较高，应作为中建西南总部大楼的主力户型设置。通过对市场去化较好的项目进行研究，主力户型以 40～60m^2 的一房为主（表 2-21）。

酒店参考项目情况 表 2-21

项目	标间		一房		二房	
	面积	占比	面积	占比	面积	占比
无国界			40～60	100%		
司南三空间			40～45	33%	69～80	67%
复地雍湖湾			40～60	100%		
仁美大源印象	30～36	67%	40～45	33%		
ICON 尚郡			45～58	100%		
青年城 smart 酒店	30～40	33.50%	40～50	33.50%	60～70	33%
汇锦城			43～65	82%	73	18%
合计	30～40	14.40%	40～60	68.80%	60～80	16.80%

综合考虑及调整，中建西南总部大楼户型以 42～58m² 的一房为主（表 2-22）。

中建西南总部大楼户型配比   表 2-22

户型(m²)	建筑面积(m²)	使用面积(m²)	户数比例(%)	公摊系数(%)
标间	30～40	25.5～29	10	27.50
一室一厅	42～58	31.5～42.5	60	—
一室二厅	60～70	44～51	20	—
二室一厅	72～85	52.5～62	10	—
合计	—	—	100	27

（3）商业产品定位

中建西南总部大楼商业整体定位中档，满足中建西南总部大楼和区域内的商务、办公人群，以及有品质需求的高收入居民。根据消费者消费习惯，中建西南总部大楼以餐饮为主，辅以部分银行配套和零售。商业不超过 2 层，具体业态落位如图 2-5 所示。

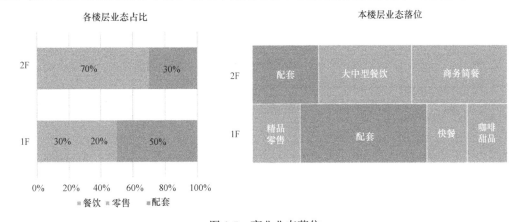

图 2-5　商业业态落位

商铺划分建议以 300～500m² 为主，其中 320m² 和 480m² 为主力户型，单层或一拖二销售，采用 16m×10m 的划铺间距，店铺双面开门。

本 章 小 结

前期定位是区域总部大楼开发成功的基础，包括专业市场调研、功能定位、客群定位、价格定位、产品定位、撰写定位报告等内容。专业市场调研是进行前期定位的重要基础，包含区域社会经济调研、市场发展情况、项目地块情况、主力消费群四个板块。区域总部大楼是一种多业态组合的商业组织，合理配置功能及业态组合是成功开发的关键环节。客群定位中要考虑到入驻商户、投资者、商业经营客户三大群体。在确定项目功能组合、目标客群后，要在规划指标的约束下进行合理的建筑形态定位和规模体量定位。中建西南总部大楼在进行详细的外部环境分析和地块情况分析后，业态确定为写字楼、酒店及商业配套，总体定位为秦皇寺 CBD 地标，占领区域商务制高点；中建形象之门，企业区域发展新纪元；多元办公物业主导，服务型物业综合配套；引领产城一体化趋势，宜业宜居新阵地。在总体定位的指导下确定了每种业态的目标客群、价格、档次、体量。

3 概念方案设计

项目定位之后可以进行概念方案设计，概念方案设计的一个重要前提就是由营销策划部完成项目市场调研及营销定位的初步意见，概念方案在此基础上开展。区域总部大楼项目对城市未来产业发展战略、地块周边配套等尤为敏感，所以概念方案设计工作是前期的重点工作。中建西南总部大楼概念方案设计开始之前，对城市总规与详规进行仔细研究，并确保定位与方案融合，然后再进行总图规划设计、业态分布设计、产品设计等一系列工作（图3-1）。

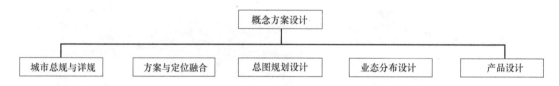

图 3-1 概念方案设计框架图

3.1 城市总规与详规

3.1.1 城市总规

概念方案设计之前要对项目所在城市的总规进行详细研究，主要分析未来规划对项目的有利及不利条件。

中建西南总部大楼位于成都天府新区，在《成都市城市总体规划（2016—2035年）》（以下简称《总规》）中，对天府新区所属的南部区域规划为：高水平发展南部区域，南部新区范围包含天府新区直管区（五环路—成自泸高速—车城大道连接线以外部分且不含龙泉山）、双流区（五环路以外部分）、新津全域、邛崃市（羊安、牟礼、回龙三镇）。规划定位为"全面体现新发展理念示范区、创新驱动先导区、新经济发展典范区、国际化现代新区、区域协同示范区"，重点强化创新体系建设，发挥好全市建设现代化经济体系中的战略支撑作用（图3-2）。

同时，《总规》提出"构建创新驱动、集约高效的现代化经济体系。"打造产业生态圈，提升参与国际分工的优势；构筑以五城区、高新区和科学城为龙头的创新生态链；大力发展新经济；规划建设产业功能区，创造产城一体、职住平衡的新模式。中建西南总部大楼的建成将对成都现代化经济体系的建设起推动作用。

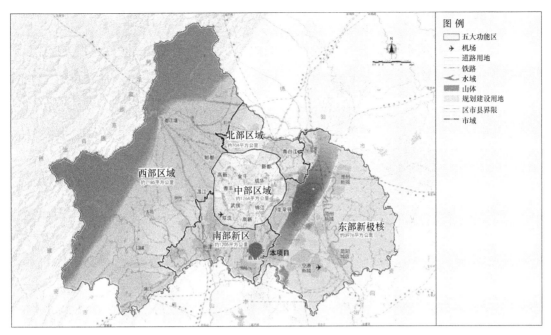

图 3-2　总规功能区划分

交通方面，《总规》提出要完善路网体系，提升路网密度。中心城区依托"十六高二十五快"高快速路构建一体化和网络化路网体系。中心城区规划结构性主干路 68 条。至 2035 年，中心城区路网密度达到 8km/km^2。中建西南总部大楼可借助未来交通规划扩散区域影响力（图 3-3）。

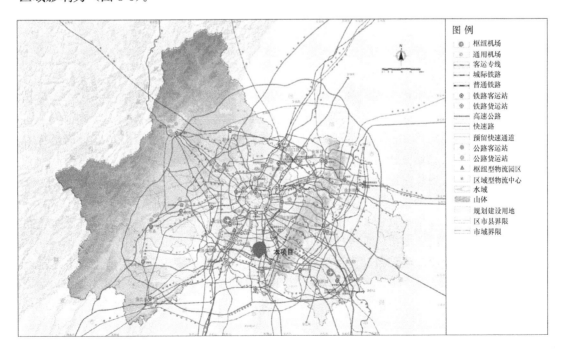

图 3-3　成都交通规划

33

3.1.2　城市详规

2011 年 5 月，国务院批复的《成渝经济区区域规划》中明确提出规划建设天府新区，构建成渝经济区"双核五带"的整体空间结构。

四川省天府新区以成都高新技术开发区（南区）、成都经济技术开发区、双流经济开发区、彭山经济开发区、仁寿经济开发区以及龙泉湖、三岔湖和龙泉山为主体，主要包括成都市高新区南区、龙泉驿区、双流县、新津县，资阳市辖的简阳市，眉山市辖的彭山县及仁寿县，共涉及 3 市 7 县（市、区）37 个乡镇和街道办事处，总面积 1578km² （图 3-4）。

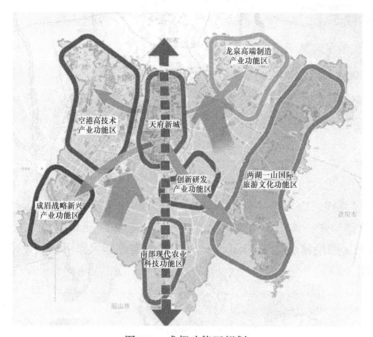

图 3-4　成都功能区规划

根据规划，成都市将由现在的单中心，向双中心发展，天府新区核心区将作为城市"双中心"之一，承担起省市两级行政中心和重要的文化、教育、体育、医疗等公共服务中心的新城市中心角色职能。政府计划向南迁移，其中市政府已搬至高新区天府新城片区，而省政府也已规划搬迁至天府新区核心区（图 3-5）。

发展定位：以现代制造业为主、高端服务业聚集、宜业宜居的国际化现代新城区。核心功能：一门户、两基地、两中心。

在新区里，建设用地只占 40%，生态用地占比 60%。形成多中心、组团式布局，形成"一城六区"的组团城市，形成城市与自然有机融合的崭新的城市形态。

城镇规模：天府新区城镇建设用地规模为 650km²，其中城市建设用地规模 638km²，规划城市常住人口 600～650 万人；小城镇建设用地 12km²，规划小城镇常住人口 12 万人。建设用地中，产业用地约占 50%，居住用地约占 25%，生产性和生活性用地约占 25%。

政策支持：资金支持力度大，除 20 亿元的天府新区发展基金外，天府新区新增地方财政一般预算收入和政府性基金。同时在税收上给予大力支持，2021 年前按 15% 的税率征收企业所得税。

项目处于四川天府新区成都片区，总体布局包括会展会议、总部经济、行政中心、商业商务、医疗教育、公共服务和酒店等现代都市功能的秦皇寺中央商务区（8km²）；布局科技服务、信息服务、商务服务、文化创意、高技术制造等产业的创新科技城（7km²）；重点为生态建设，打造大型生态公园，两侧发展现代服务业，完善居住配套的锦江生态带（7km²）。

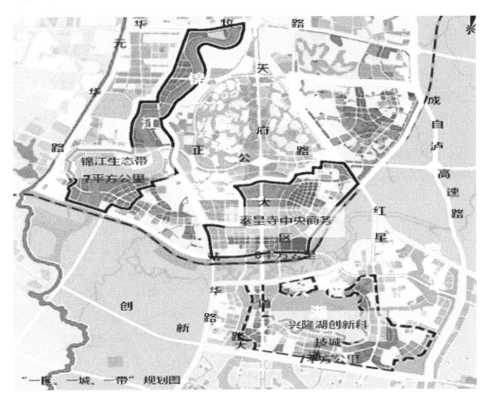

图 3-5 天府新区总体布局

项目宗地位于四川省天府新区成都片区秦皇寺中央商务区。秦皇寺中央商务区位于天府新城正公路以南、铁路外绕线以北，规划面积约 8km²。

秦皇寺中央商务区定位为现代化、国际化和高端化的中央商务区。区内包含了商务办公、商业娱乐、公共设施、居住配套各个方面。从用地布局上来看，秦皇寺中央商务区位于整个天府新区的核心，未来将成为天府新区的"大脑"和"心脏"（图 3-6）。

该地区规划了"四横六纵"主干道路网。电车线在核心区域形成一条环路，向南延伸至创新科技城，向西延伸至晋江生态带。同时，结合交通站点、停车场、公交站点等交通设施的规划，最终实现无缝换乘的目标。另外将轨道交通站和商业区相结合，开展地下空间的综合开发利用，形成集商业休闲设施，交通设施，人防设施和市政基础设施于一体的地下综合空间。

天府新区产业发展定位及政府政策支持推动区域内商务商业发展，秦皇寺中央商务区未来规划也为区域内商务商业项目提供良好的交通配套。

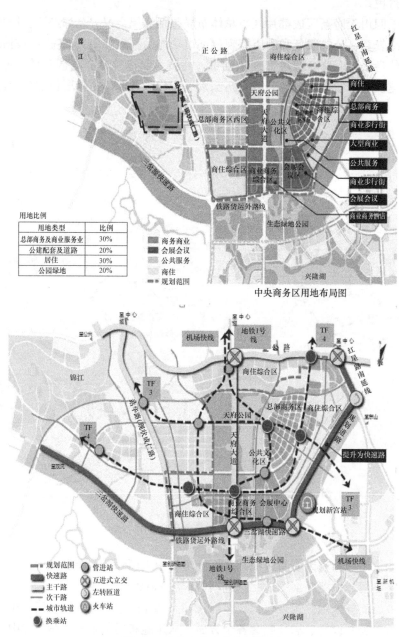

图 3-6 秦皇寺中央商务区规划

3.2 方案与定位融合

概念方案设计的一个重要前提就是由营销策划部完成项目市场调研及营销定位的初步意见，概念方案在此基础上开展。

中建西南总部大楼的写字楼定位为"中建西南总部大楼企业自用型甲级办公楼"，甲级写字楼在规划方案中要关注写字楼外立面、层高及净高、核心筒布置、电梯设计。写字楼外立面要从立面风格、立面形态、立面用材、立面灯光四个方面打造。层高及净高在设计时要考虑规范规定、使用者感受、设备要求等。核心筒布置主要指核心筒在标准层中的位置，一般有中央布置、外围布置、综合布置三种方式。电梯是高层写字楼中最主要的垂直交通工具，主要考虑电梯的数量、容量、速度和组合形式。

酒店的定位为"小户型精装酒店"，小户型酒店以酒店式的客房为主要居住体系，客厅与卧室及全部的服务设施集中在一个大房间里，因此要进行合理的户型设计，充分利用空间。

商业的定位为"以服务商务人群为主的小而精商业配套"，商业设计时要从空间上实现就近性，以满足商务人群的便利性需求，同时要实现商业和办公的相对分离，充分体现商业与办公的亲和性和商业设施的不干扰性。同时要以景观意境为线索，将商业配套的建筑与空间景观设计融入整个项目，营造一个多功能的、舒适的、令人愉悦的商业场所。

3.3　总图规划设计

对设计条件进行梳理之后开始进行总图设计。自此才是真正设计的开始，也是后面细化的依据，特别是对企业总部来说，总图设计代表着建筑设计理念的核心内容，是对整个项目总体思考的图面表达。它不同于建筑规划，不仅需要对交通、空间、建筑关系进行梳理，而且还包含着效益权衡的结果。总图设计的设计步骤如下：

3.3.1　梳理用地限制，制作用地限制总图

拿到用地图时，应根据文件内容将用地因素进行梳理，包括退界，高度，层高等。为了具有明确直观的感受，一般需要做一张用地限制总图，用不同的颜色表示用地的各个限制条件。

3.3.2　分析地块道路及交通情况

一块用地最好是临道路越多越好，而最好至少临一条城市高等级道路，即快速路或者城市主干道，其他道路为次干道或者支路。不同等级的道路对产品的影响是不一样的，因此在总图上分析道路的级别是非常重要的。

中建西南总部大楼总图规划设计流程见表 3-1。

总图规划设计流程　　　　　　　　　　　　　　　　　　表 3-1

项目设计基础资料收集	1) 项目设计基础资料收集包括：项目设计基础资料接收、补充和评审 2) 由规划设计部组织接收相应责任部门的设计基础资料，移交时共同填写《项目设计基础资料移交评审表》，设计资料包括： ①宗地自然条件中的"市政管线图"、《项目前期设计条件》（见附表 1）、《市政条件调研表》 ②招商提供的周边商业列表、目标商业调查 ③营销提供的竞争楼盘列表、目标楼盘调查表、展示中心选址意见书
总体概念规划设计任务书编制与评审	规划汇总收集设计基础资料及设计成本控制建议后，编制《总体概念规划设计任务书》，并组织任务书的评审并提交公司签批

续表

设计单位的选择	合约商务部组织概念设计供应商的选择工作,原则上选3家以上的设计单位,具体操作按照《设计供方管理》执行
总体概念规划设计	规划设计部将经评审确认的《总体概念规划设计任务书》发给概念方案设计单位,由设计单位完成概念方案设计
总体概念规划设计的意见征询及设计评审	设计成果提交后,组织对设计成果进行评审,规划设计部征询国土、规划局以及外部专家意见
控规建议	根据项目需求,由规划设计部组织设计单位完成控规建议资料文件提报,按公司授权体系签批,签批通过后移交规划设计部进行控规建议的政府提报
总体概念规划设计成果确认	1)总体概念规划设计评审通过后,提交公司会签、报备 2)将签批版设计成果存档备案
总体规划方案设计	规划设计部将经确认的《总体规划设计任务书》发给总体规划设计单位,由设计单位完成总体规划设计。 规划设计部负责组织总体规划方向成果研讨会、人防建设区域研讨会、地下空间研究研讨会、市政需求研讨会、场地竖向研讨会,将确认的相关设计意见,发给总体规划设计单位作为设计建议
总体规划方案评审	设计成果提交后,规划设计部组织对设计成果进行评审,项目部征询国土、规划局以及外部专家意见
总体规划方案设计定稿	总体规划设计评审通过后,由规划设计部组织成果文件会签工作,提交公司按授权体系签批,签批通过后移交项目部进行控规建议的政府提报。签批版设计成果在规划设计部存档备案

中建西南总部大楼总图规划设计阶段首先对用地指标进行梳理。中建西南总部大楼规划建设总用地面积为 23755.02m^2,规划总建筑面积为 101778.06m^2。

在基础资料收集阶段,对项目的周边资源和地块道路交通条件进行分析。地块周边有丰富的景观资源:西侧为天府新区的中央公园,东侧俯瞰整个秦皇寺中央商务区(图3-7)。

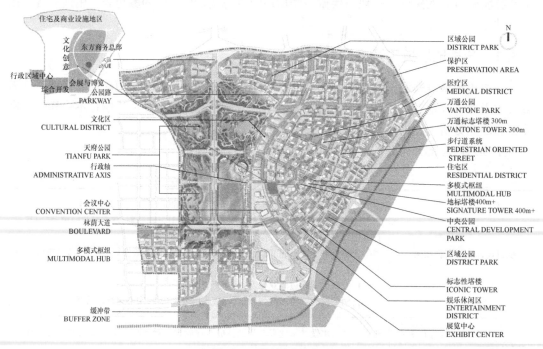

图 3-7　项目周边资源

地块西侧临 30m 城市主干道，其他三面分别为 20m、16m 城市次干道。西侧有电车穿过，且地块西北角有电车站，地块周边有综合换乘枢纽（图 3-8）。

图 3-8　项目交通条件

3.4　业态分布设计

每个业态的特性和要求不同，应根据其特点，将各业态的优势发挥到极致。

办公业态不需要像商业那样热闹，却也不必像住宅那样僻静，它需要彰显自己独特的形象，因为不管商业是服务于城市、区域、社区还是街道，而办公始终是面向整个城市的。

总部办公室作为公司的"总部"，除了办公室职能外，还有许多其他职能要求，如公司的培训场所和教育基地、公司的社会形象展示功能等。当然，随着企业规模、性质、产权以及位置的差别都有不同的侧重点。

一般来说，现代公司自建总部办公大楼功能由公司决策层办公区、部门办公区、公司培训区、形象展示区、对外交流区、员工活动区、健身、娱乐、餐厅等构成。

中建西南总部大楼在对地块周边进行调研分析后，初步设计了三种方案，分别为点式布局、双板式布局和单板式布局（图 3-9）。

点式布局中灯宇楼采用经济性最高的结构体系，外立面造型简洁大方，采用玻璃幕墙和石材幕墙，虚实对比体现建筑的厚重感，三层悬空的健身空间极大地提高了员工的工作品质，每个标准层都设有一个 100m² 左右的员工公共活动区。另一栋形如磐石，建筑形象简洁，挺拔有力，接待、餐厅和屋顶花园拥有开阔的景观视野，平面功能合理，兼顾经济性和周边景观环境（图 3-10）。

单板式和双板式布局中，超高层板楼在整个城市空间中比较容易凸显出来，且板楼的形体比例能取得较好的视觉效果，并且保证直面中央公园的房间面积最大化（图 3-11）。

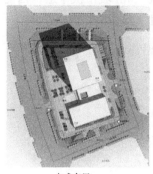 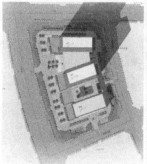 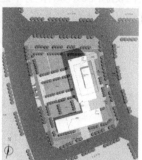

点式布局　　　　　　　　　　双板式布局　　　　　　　　　单板式布局

图 3-9　项目布局方案

灯字楼　　　　　　　　　　　　磐石　　　　　　　　　　　磐石(优化)

图 3-10　点式布局建筑效果图

风帆(一)　　　　　　　　　　　构木　　　　　　　　　　空中客厅

图 3-11　板式布局建筑效果图（一）

灯塔   FOCUS   风帆(二)

图 3-11　板式布局建筑效果图（二）

方案优化过程中对点式布局和板式布局方案均进行调整。

点式布局总图布局调整，塔楼往南移，商业和公寓酒店移往北侧。公寓和酒店的建筑体量倾斜一定的角度，与北侧道路平行，使得建筑和周边环境更为和谐，内部庭院空间更大。另外对塔楼体量进行调整，让建筑形象更为简洁和挺拔（图 3-12）。

磐石(一)   磐石(二)

图 3-12　板式布局调整建筑效果图

板式布局总图布局调整，塔楼往南移，商业移往北侧，公寓和商业综合楼设置于东侧塔楼后方。核心筒向主体靠拢，去掉之前的桁架连接，整体公摊更小，结构更经济。立面增加实体遮阳板，增强建筑的敦实厚重感（图 3-13）。

综合考虑建筑立面展示效果、经济技术要求等因素，中建西南总部大楼选择了板式布局（图 3-14）。

风帆　　　　　　建构　　　　　风帆(优化)　　　　　穹宇

图 3-13　板式布局调整建筑效果图

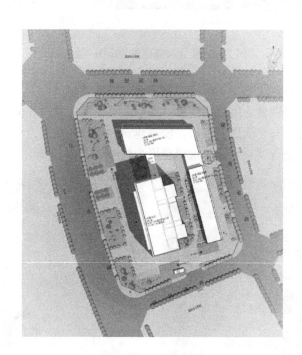

图 3-14　项目布局最终方案

3.5　产品设计

　　当规划的主结构进行基本的布局后，形态与主题概念便是后面非常重要的工作内容。一个良好的企业办公形象能给工作人员带来良好的办公体验，树立品牌形象，而且在前期，政府对此也比较关注，因此在概念设计中，立体形态是非常重要的内容。在概念设计阶段，产品设计仍然是一个大方向性的内容，而建筑的内部设计则复杂精细得多，在后面规划设计篇章将有详细的介绍。在此过程中，不仅要了解办公人员的喜好，还应根据项目定位把握设计形态与概念、项目档次、客户群、商业性格特征等，这些都与形象和概念的确定息息相关。

　　企业办公因其多业态的布局、较多的层数、庞大的容纳人员，要求设置的垂直交通体系和服务空间也更多。企业总部交通系统的设计受多种因素的影响，诸如社会经济发展、电梯技术进步、建筑高度、材料技术、使用功能等，在一幢集商业、办公、酒店于一体的企业总部大楼中存在多种人流流线，这些流线对企业总部建筑交通系统的设计至关重要。如何能让人们快速、安全、舒适的到达其目的层，这是值得去研究和探讨的问题，其中包括核心筒的布置、电梯运力计算、垂直系统设计、电梯智能化设计等。

　　中建西南总部大楼在产品设计阶段由规划设计部组织召开产品设计界面划分会，明确设计范围、分期界线、设计交界面归属，会后形成会议纪要。再由规划设计部根据设计资料编写《建筑方案设计任务书》，并组织项目评审，按公司授权体系进行签批。签批通过后将《建筑方案设计任务书》提交设计单位进行设计。

　　中建西南总部大楼建筑高度137.27m，大堂一层层高13.0m，办公单层层高4.12m，避难层层高4.5m。商业一层层高6.0m，二层层高4.5m，酒店单层层高3.6m，地下一层层高5.1m，地下二层层高5.1m，可以做机械停车位，地下三层层高3.9m（图3-15）。

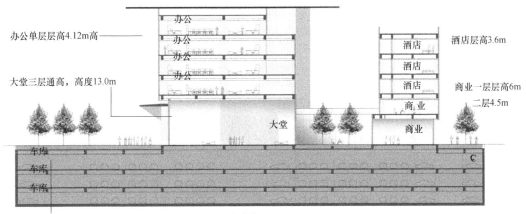

图 3-15　中建大厦局部剖面图

　　中建大厦配备2部观光电梯和15部芬兰通力电梯，实现极速商务效率（图3-16）。

　　项目车流动线明确，实现人车分流。

　　景观配置方面，中建大厦景观设计沿用了建筑简洁的设计风格，但通过不同植物的搭配呈现出简约而不简单的效果，一年四季都有不同景色（图3-17）。

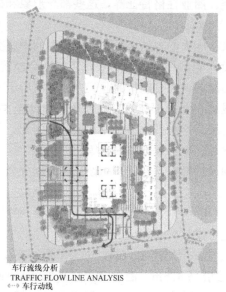 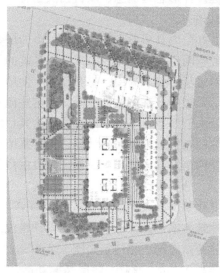

车行流线分析
TRAFFIC FLOW LINE ANALYSIS
←··→ 车行动线
←··→ VIP车行动线
└┘ VIP落客区
└┘ TAXI车行动线
└┘ TAXI落客区
▨ 地下车库
▨ 停车位(商业和办公)
▨ 停车位(酒店和银行)

人行流线分析
TRAFFIC FLOW LINE
ANALYSIS
······ 人行动线
－－市政人行道
● 办公出入口
● 商业出入口
● 酒店出入口

图 3-16　中建大厦交通组织

图 3-17　中建大厦景观效果图

中建西南总部大楼规划设计阶段各部门职能见表 3-2。

概念方案设计职能分工　　　　　　　　　　　　　　　表 3-2

概念规划设计阶段的评审	
设计	基本设计资料正确性,规划设计原则,项目经济技术指标要求,设计成果内容及深度要求,各阶段设计完成时间
成本	项目的投资估算
报建	提供并审查政府相关部门对项目的设计要求
营销	提供并审查项目产品定位要求,产品类型及面积、比例建议
招商	提供项目商业定位及商业设计相关要求

概念规划设计成果的评审	
设计	检查设计成果的完整性,设计图纸内容及深度是否满足《概念规划设计成果标准》要求,评价总体概念规划设计的可发展性;协调各部门意见,参与确定设计方向
成本	审查概念规划设计投资概算,计算利润率
报建	检查概念规划设计成果是否满足政府相关部门对项目的设计要求
营销	审查设计成果是否满足项目产品定位要求
招商	审查总体布局是否满足项目商业定位及商业设计相关要求
总体规划设计阶段的评审	
设计	基本设计资料正确性,规划设计原则,项目经济技术指标要求,设计成果内容及深度要求,各阶段设计完成时间
成本	设定项目成本限额
报建	提供并审查政府相关部门对项目的设计要求
营销	提供并审查项目产品定位要求,产品类型及面积、比例建议
招商	提供项目商业定位及商业设计相关要求
总体规划设计成果的评审	
设计	检查设计成果的完整性,设计图纸内容及深度是否满足《概念规划设计成果标准》要求,是否满足国家规范,重点审查概念方案的规划布局与交通流线、景观构架是否满足任务书要求,评价概念的可发展性;协调各部门意见,参与确定设计方向
成本	审查各概念方案是否突破项目成本限额要求,并根据最终确定的概念方案编制项目分项成本匡算
报建	检查概念成果是否满足政府相关部门对项目的设计要求,审查概念设计中分期开发的可行性
营销	审查设计成果是否满足产品定位要求,产品类型及面积、比例建议
招商	审查总体布局是否满足项目商业定位及商业设计相关要求
方案设计阶段的评审	
设计	设计依据资料的正确性及完整性,规划设计与单体设计要求,项目经济技术指标要求,设计成果内容及深度要求,各阶段设计进度安排
成本	设定项目分项成本要求
报建	提供并审查政府相关部门对项目方案设计的要求
营销	提供并审查项目产品定位要求,产品类型及面积、比例要求,规划及单体设计风格建议
招商	提供项目商业定位及商业单体设计相关要求
物业	设定物业管理模式,提供会所及物管用房的设计要求
方案设计成果的评审	
设计	各专业设计人员按《方案设计成果标准》的内容进行检查,落实是否满足国家的政策、规范、是否满足项目的要求。重点审查规划及单体设计是否满足任务书要求,示范区划分是否合理。需要时,结构专业设计人员对设计方案进行结构试算,以评审结构合理性
成本	审查规划及单体方案各分项是否突破项目成本匡算要求,并根据调整完善后的方案编制项目分项成本概算
报建	检查方案设计成果是否满足政府相关部门要求并达到报建深度
营销	审查规划及单体设计是否满足项目产品定位要求,产品类型及面积、比例要求,设计风格建议,销售示范区划分合理性
招商	审查规划及单体设计是否满足项目商业定位及商业单体设计相关要求
物业	审查规划及单体设计是否满足物业管理模式要求,会所及物管用房的设计要求

本 章 小 结

概念方案设计前，先要对规划设计条件，包括用地性质、容积率、绿地率、建筑密度等进行确认、分析。区域总部大楼业态组合复杂，设计技术难度大，对设计单位要求高。总图设计要对项目的交通、空间、建筑关系进行梳理，结合项目业态不同功能的要求进行合理布局。中建西南总部大楼在对成都总体规划及地块各项指标进行详细研究后，形成概念方案。而后对设计条件进行梳理，进行总图设计。项目充分利用地块交通条件及周边资源，进行合理布局。

4

项目开发模式

项目获取后，需要明确项目开发模式。目前市场上项目的主流开发模式有合作开发、定制开发、项目代建及自主开发等，每种模式都有其优势和劣势，业主可根据自身情况进行选择。区域总部大楼项目体量大，开发运营周期长，要特别考虑项目本身的要求及项目开发对资金和管理团队的要求。本章介绍中建西南总部大楼对资金、资质、管理团队等情况进行分析后对开发模式的选择（图 4-1）。

图 4-1　项目开发模式框架图

4.1　合作开发

4.1.1　合作开发要点

项目开发主体与投资方通过约定，各自分别提供土地、资金、技术等要素，共同投资、共担风险、共享利润。

4.1.2　合作开发模式

合作开发模式分为项目公司型和非项目公司型两种模式。

（1）项目公司型

项目公司型是指取得土地使用权的一方以土地使用权投资入股，另一方以货币等形式投资入股，双方共同成立项目公司来进行项目开发的模式。项目公司型的合作开发既包括成立新的项目公司，也包括增资入股型项目公司。采取以增资入股型项目公司模式进行项目开发，能够弥补新成立项目公司资质较低等方面的不足，实践中经常采用。

（2）非项目公司型

非项目公司型的合作开发是一种合同行为，即双方订立项目合作开发合同，按照合同约定对项目进行开发管理，承担相应义务。这种合作开发模式具有手续简单、成本较低等优势。

4.1.3 合作开发利弊

（1）项目公司型

1）可以直接以土地使用权作价入股，从而规避《中华人民共和国城市房地产管理法》对土地使用权转让条件的限制。

2）相对项目直接转让方式，可以免缴营业税和土地增值税，节省费用。

3）新组建的项目公司，会受到房地产开发资质的限制。按照规定，公司须取得相应资质后方可从事房地产项目的开发，而资质办理的手续复杂，时间较长，必然会影响项目开发的进度，另外新注册公司资质等级较低，不能承担建筑面积 25 万 m^2 以上的开发建设项目。

4）新组建的项目公司涉及股权转让或清算，后期事情比较繁琐。

（2）非项目公司型

1）手续简单。合作双方只要签订合作开发协议并按约定履行各自的权利义务，即可通过契约方式来掌控管理整个房地产项目。

2）合同履行周期较长，容易产生合同纠纷。具体来说，一份内容完备的合同至少应包括合作模式、合作条件、收益分配和亏损责任的承担，如果合同内容不完备，则容易在合作过程中产生纠纷。

业主获取项目土地后，在自身资金、技术以及体量需求不能满足要求的情况下，可选择此种模式。

4.2 定 制 开 发

4.2.1 定制开发要点

业主需要购买办公场所，而自身又不具备开发能力的，可与地产开发企业进行洽商，双方在需求和价格等主要商务条件达成一致后，由地产开发企业按其要求全权进行开发建设的模式。

4.2.2 定制开发模式

业主在早期规划阶段介入产品设计，地产开发企业在前期方案和规划设计阶段结合业主"行业性质、企业规模、发展预期、资金实力"等方面的要求进行设计、施工并按期交付。

4.2.3 定制开发利弊

（1）定制一个好的写字楼可以为业主展现良好的企业形象、办公环境和硬件设施，提高使用效率，降低维护成本。

（2）对业主而言，省去了开发建设的一系列手续，但比自主开发增加了一定的成本。

（3）对地产开发企业而言，可以降低自有投资规模比例，消化风险，同时又赚取稳定收益。

业主如果自身没有开发能力，又需要购买办公场地时，可选择此种模式。

4.3　项目代建

4.3.1　项目代建要点

开发商不是股东，而是经理，通过专业素养和品牌号召力，提供全过程的开发和销售服务，获得固定收益和超额回报。主要经营方式是委托方负责提供资金和土地，开发商负责开发和建设。也就是说，委托方委托开发商签订合同，完成项目前期管理、规划设计、项目建设、成本控制、营销策划并交付完成。

4.3.2　项目代建模式

项目业主采用招标方式选择项目管理公司作为代理人，项目业主作为委托人与代理人（受托人）签订代理合同。合同明确规定代理人的责任、权利和义务，"建筑合同"成为代理人建设活动监督、评估以及对代理人进行奖惩的依据。

4.3.3　项目代建利弊

（1）代理施工单位通常是擅长工程投资和施工管理的咨询机构。拥有大量的专业人员，丰富的施工管理知识和经验，熟悉整个施工过程。委托这样的机构管理项目，可以在项目建设过程中起到重要的主导作用。通过制定项目实施计划，设计风险计划，协调各参与单位之间的关系，合理安排工作，可以大大提高项目管理水平和工作效率。

（2）业主需要额外支出一笔代建管理费，比自身开发建设增加一定的成本。

业主如果有自己的项目，而缺少项目开发管理经验，没有专业人员来进行项目开发管理，可选择此种模式。

4.4　自主开发

4.4.1　自主开发要点

地产开发企业，以赢利为目的投资开发房地产项目，从土地获取、立项、规划、建设到销售或自持等一系列经营行为。

4.4.2　自主开发模式

获取项目土地后，组建项目公司进行自主开发，按照企业管理要求，对项目公司进行合理授权，由项目公司按照授权进行设计、采购、施工、竣工并交付运营。

4.4.3　自主开发利弊

（1）项目整体受控，能满足自身需求及时间要求。

（2）项目成本可控，可根据公司的管理水平及相应制度要求，最大程度的降低成本。

业主有完整项目开发资质、项目管理团队，充足的资金来源，可选择此种模式进行开发。

本书讲述的中建西南总部大楼，由于项目公司办理了开发资质，配备了专业的管理团队，落实了项目资本金及贷款资金，故选择了自主开发模式。

4.5 模式选择

项目业主可根据各种开发模式的利弊，并参照如表 4-1 列举的选择要素，结合自身情况确定相应开发模式。

开发模式选择 表 4-1

序号	模式名称	选择要素			
		项目来源	资金支持	开发资质	管理团队
1	合作开发	√	部分满足	部分满足	部分满足
2	定制开发	—	√	—	—
3	项目代建	√	√	—	—
4	自主开发	√	√	√	√

公司在 2014 年以项目公司名义成功摘得宗地，2015 年银行审核并通过了项目融资方案，项目公司利用自身的资产作为担保，以较低的融资成本贷款。公司管理团队股东会为公司核心权力机构，董事会是公司经营管理的决策机构，由公司股东会选举产生。监事会是永久的法定监督机构，负责监督和检查公司的业务活动。由各股东提名，股东会选举产生。经理层是公司业务执行的负责机构。设置"五部一室"六个职能部门，分别是：营销策划部、规划设计部、合约商务部、工程建设部、财务资金部和综合办公室。

中建西南总部大楼包括写字楼、酒店、商业三种业态。因写字楼 91% 用于企业自用，且中建具备自主开发的资金、开发资质、管理团队，所以三种业态均选择自主开发模式。就办公市场而言，市场上有影响力的办公物业都是自持物业的管理模式，这些办公项目将客户锁定在国际市场上，并且运作良好。控股物业不仅为开发商提供长期回报，还保证了产权的一致性。不难看出，在环境的影响下，自持物业是未来办公市场良性发展的必然趋势。

酒店业态开发模式选择自主开发模式，开发后与酒店合作销售。与酒店合作目前常见的方式见表 4-2。

酒店合作模式 表 4-2

	酒店合作模式	成都区域案例
方式一	开发商销售给投资客，投资客再与酒店签订租房合同	傲城 17 号酒店项目共有四层引入了速 8 酒店，投资者与酒店一次签订 20 年的租约合同，酒店按每月每平方米 40 元的租金每季度返给一次给投资者，且每三年上浮 6%，投资回报率 9% 左右
方式二	开发商销售给投资客，客户可选择与酒店签订合作协议，同时付给酒店装修款，由酒店负责装修	保利新天地酒店项目引入优客逸家，客户与优客逸家一次签订 2 年的协议，并付装修款（558 元/m² +6500 楼梯厕所防水）
方式三	开发商直接与酒店合作	台能橙中心，已确定将两栋 6 层酒店分别销售给两家酒店

项目紧邻西博会，未来展示面及关注度较好，商务客群聚集，酒店需求明显，选择与酒店合作是实现快速去化的重要方式。企业走访调查发现品牌酒店总体入驻意愿较强。与开发商合作可分为租赁自营和散售产权进行返租两种模式，连锁品牌酒店倾向选择租赁自营模式，但承租能力较低，服务式酒店可接受散售产权物业进行返租，但需要开发商负责装修。

本 章 小 结

项目开发模式有合作开发、定制开发、项目代建、自主开发四种，其中自主开发模式对资金、开发资质、管理水平要求较高，项目代建和定制开发对资金要求较高，项目业主应结合项目特点，根据各开发模式的利弊进行选择。中建西南总部在资金、开发资质、管理水平均满足要求的条件下，选择自主开发模式。

5

项目可研与立项

项目可行性研究和立项是对投资决策前拟开发项目的全面系统调查和分析，采用专业技术工具和评估方法，获取一系列评价指标，确定项目开发是否可行。区域总部大楼项目的可研需要重点论述区域总部设立的需求及政策条件。本章以中建西南总部大楼的可研与立项为案例，剖析区域总部大楼项目的可研与立项实操重点（图5-1）。

图 5-1　项目可研与立项框架图

5.1　区域总部设立

5.1.1　区域总部设立需求

目前，全国各类大型企业为了生产发展的需要，除公司成立之初总部设立地外，在全国各区域设立了子公司、分公司等一系列分支机构。很多分支机构存在对办公场所的刚性需求，同时，统一高端的办公大楼对企业形象和对外宣传都起到积极的作用。因此，当各子、分公司办公场所需求达到一定程度后，可选择适当区域，修建区域总部，满足集中办公需求。

中建西南总部大楼的设立满足中建深耕西南地区的长期稳定发展需求，同时也对中建国有重要骨干企业、全球500强品牌的企业形象起到了对外宣传的作用。

5.1.2　区域总部设立政策条件

在选择区域时，公司一般要与当地政府签订《战略框架合作协议》，约定积极参与当地政府的投资开发建设，其中包含投资建造企业总部大楼项目的合作意向。为达到经济性要求，企业要与政府相关机构签订《投资合作框架协议》，约定在当地某区域投资建造企业总部大楼的基础上，参与土地一级整理、基础设施建设以及项目配套住宅用地使用等条件。

5.2 市场调查与预测

5.2.1 市场分析

（1）宏观因素：主要从政治、经济、文化、地理地貌、风俗习惯及宗教信仰等方面进行分析。

（2）区域性因素：主要是从区域发展、宏观经济因素对区域经济的影响等方面进行分析。

（3）微观市场：主要从对拟投资房地产市场及投资项目同类型的物业市场等方面进行分析。

5.2.2 市场预测

市场预测包括需求预测与供给预测。以房地产市场调查的信息、数据和资料为依据，运用科学的方法，对某类物业的市场需求规律、供给规律以及变化趋势进行分析，从而判断未来市场上对该类物业的需求和供给情况。

中建西南总部大楼市场调查宏观层面对成都市经济发展状况、土地及商品房市场进行分析，区域层面从双流区、高新区天府新城、秦皇寺中央商务区的市场情况展开，微观层面从地块所在区域商品房市场情况进行分析。调查发现，成都市作为西南经济中心，近年来随着西部开发的深入，经济发展势头迅猛，土地升值潜力大，区域土地成交价格逐年持续稳步提升，区域潜力巨大。秦皇寺中央商务区是天府新区成都片区规划建设的核心区域，随着政策的深入和建设的推进，对企业、资金以及人才的吸引日益增强，市场容量将持续增长，本片区房地产市场发展前景良好。

5.3 投资成本费用估算

在项目的可研和立项中，项目成本测算是重要的一环。成本测算的正确与否，对项目经济效益具有重大影响。项目成本一般由土地成本、前期规费、工程成本、开发间接费等四部分组成。

5.3.1 土地成本

主要包括土地成交价、交易契税等。

5.3.2 前期规费

主要指向政府缴纳的相关费用，包括：基础设施配套费，教育附加费，人防经费，白蚁防治费，地区配套费，以及新型墙体材料基金、散装水泥押金等。

5.3.3 工程成本

（1）勘察、设计、建筑质量检测、项目监理、咨询等费用；

（2）土石方、临建、三通一平等费用；

（3）地基工程费用；

（4）建筑安装工程费用；

（5）小区供水、电、气、室外总平及绿化等费用；

（6）小区智能化费用；

（7）小区配套费用。

5.3.4 开发间接费

是指运作该项目需发生的开支，是在项目分析中必须考虑的成本支出。主要包括资金成本、管理费用、销售费用、其他不可预见费用、销售税费等。

中建西南总部大楼投资成本费用从开发成本、商业部分销售收入及盈利、办公楼租金三方面进行测算。

开发成本包括土地成本、前期费用、建安工程费、其他直接费、不可预见费、销售费用、管理费用、财务费用。

商业部分销售收入及盈利测算按照前期的市场调研以及对未来销售价格的判断，车位12万/个，可售130个车位。

办公楼全部出租，租金前3年不变，以后每年增长5%，20年保持不变，前3年为市场培育期，出租率90%；之后为成熟期，出租率为95%；租赁车位数520个，起始价400元/个·月，年增长5%，增长20年后保持不变，前3年为市场培育期，出租率90%；之后为成熟期，出租率为95%。

5.4 盈亏平衡分析

投资方案评价指标一般为贴现的动态指标和非贴现的静态指标。

5.4.1 贴现动态指标

即考虑货币时间价值，包括净现值、内部收益率、动态投资回收期等指标。

5.4.2 非贴现静态指标

不考虑货币时间价值的指标，如静态回收期，投资利润率和贷款还款期。

5.4.3 盈亏平衡分析

关键是找到盈亏平衡点，即项目达到盈亏平衡状态利润为零的点。对地产项目而言，当估计的销售收入可以弥补成本时的销售量，也称为保证销售量。

中建西南总部大楼经测算，项目总投资约7亿元，预计可实现商业总销售收入1.5亿元，主楼首年租金约6000万元，测算结果表明项目财务盈利能力较好。

5.5 资 金 筹 措

在资金筹集阶段，建设项目所需资金由自有资金和借入资金组成。

5.5.1 资金筹措渠道

主要包括自有资金、国内债务资金和国外债务资金。对于资金筹集渠道，企业或项目必须考虑适用哪一种或者几种渠道的组合。

5.5.2 资金筹措方式

主要包括吸收投资（合资、合作等）、发行股票、发行债券、向银行借款等。企业或项目需要考虑这些方式的法规要求和运作限制以及筹集资金的成本高低和方式的选择。

中建西南总部大楼由中建股份、中建西部建设公司、中建三局按照比例出资成立项目公司；三家股东共筹措自有资金 3.5 亿元，其余通过外部融资。

5.6 风 险 评 价

5.6.1 市场风险

市场供求变化引起的风险称为市场风险。风险类型包括以下三类：一是由于宏观经济影响以及购买力等原因，引起房地产难以形成有效需求；二是市场价格产生大幅度波动而给投资者带来的风险；三是所涉及的主要资源价格上涨所引起的建造成本的增加。

5.6.2 政策风险

指由于国家或地方政策的变化而导致投资者遭受损失的可能性。包括产业政策、金融政策、房地产管理政策等。

5.6.3 其他风险

包括不受控制的人为因素或自然环境异常造成的损失。

中建西南总部大楼的风险主要包括以下两方面：

（1）宏观政策风险

2010 年 4 月，国务院为遏制房价过快上涨发布了"新国十条"，开始了对房地产新一轮的政策调控。2011 年初，国务院再次出台房地产调控政策，此次政策调控力度大、决心强、持续时间长，未来市场走向存在一定的不可预见性，使项目的开发存在一定的宏观市场风险。2013 年初发布了"新国五条"，提出对二手房交易征收 20% 的税，这些政策对房地产市场运行造成一定压力。

（2）市场风险

地块位于天府新区规划的核心区域，但周边区域尚处于基础设施建设阶段，人气不足，面临较大的市场风险。

针对风险提出的应对措施：

（1）宏观政策风险对策

成都市尤其是天府新区房地产市场具有巨大发展潜力，随着经济的高速发展，成都房地产市场的抗风险能力进一步加强。本项目只要积极做好市场定位，开发区域主流需求产品，是能够按照预期进行开发和销售的。总体来看，由宏观政策所带来的市场风险基本可控。

（2）市场风险对策

通过测算项目的各项经济指标，明确地块可承受地价上限，与政府部门进行沟通，尽可能降低土地成本。同时降低地块容积率，使得能够开发低密度住宅产品，提高经济效益。

5.7　项 目 立 项

在项目各项条件调查成熟、相关商务谈判完成后，组建团队，编制《项目立项及可行性研究报告》，报相关决策机构审批通过后实施。项目立项及可行性研究报告可按以下模板进行编制：

＊＊＊项目可行性研究报告

一、项目背景

（一）项目来源

（二）项目区域规划

1.＊城市定位及发展方向

2.＊区城市规划

二、项目概况

（一）项目位置

（二）宗地规划条件

（三）宗地现状

（四）政府优惠政策

（五）项目分析结论

（六）获取及合作模式

三、市场调查

（一）＊城市经济发展状况

（二）＊城市及项目所在区域土地市场情况

（三）项目所在地市场情况

（四）地块所在区域商品房租售情况

（五）市场调查结论

四、项目开发规划及价格预判

（一）开发主体

（二）基本规划指标

（三）计划开发期

（四）目标市场定位

（五）概念规划设计

（六）价格预测

五、投资测算

（一）开发成本

（二）商业部分销售收入及盈利能力

（三）办公楼租金测算

六、资金筹措

（一）资金来源

七、风险分析与对策

（一）宏观政策风险

（二）市场风险

（三）风险分析基本结论及应对措施

八、综合分析与建议

（一）SWOT分析

（二）基本结论

九、附件

本 章 小 结

在公司有需求设立区域总部的情况下，业主与当地政府签订《战略框架合作协议》，约定积极参与当地政府的投资开发建设，其中包含在投资建造企业总部大楼项目的合作意向。在区域总部的可研报告中，应包含项目市场分析、成本测算、项目资金筹措、项目风险分析。

第二篇 开 发 篇

6

土 地 获 取

在进行项目可研与立项后，要获得土地来实施项目的开发。区域总部大楼项目的开发建设，关键在于土地的获取，项目土地区位的好坏及土地成本的高低很大程度影响项目开发建设的成功。土地获取过程中，要准确进行土地价值评估后再进行决策。中建西南总部大楼在获取土地过程中，各部门分工明确、配合密切，成功取得欲受让土地（图6-1）。

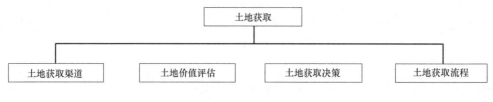

图 6-1　土地获取框架图

6.1　土地获取渠道

土地获得的方式有：出让取得、转让取得、从划拨地转化为出让地取得的三种主要方式。出让取得是在土地交易的一级市场，直接从政府手中，或由政府征收集体土地经过市场交易（招标投标、挂牌交易等）方式取得；转让取得是在土地交易的二级市场，从市场主体手中通过互换、买卖、赠予等各种交易方式取得。还有原是划拨地，补交土地出让金把土地性质转为出让地而取得开发土地。

6.1.1　出让方式

土地使用权出让，是指国家将土地使用权在一定年限内出让给土地使用者，由土地使用者向国家支付土地使用权出让金的行为。出让方式有招标、拍卖、挂牌、协议。土地使用权出让最高年限为：居住用地七十年；工业用地五十年，教育、科技、文化、卫生、体育用地五十年；商业、旅游、娱乐用地四十年；综合或者其他用地五十年。

1. 招拍挂出让范围有以下几类

（1）供应商业、旅游、娱乐、工业用地和商品住宅等各类经营性用地以及有竞争要求的工业用地；

（2）其他土地供应计划公布后一宗地有两个或者两个以上意向用地者的；

（3）划拨土地使用权改变用途，《国有土地划拨决定书》或法律、法规、行政规定等明确应当收回土地使用权，实行招标拍卖挂牌出让的；

（4）划拨土地使用权转让，《国有土地划拨决定书》或法律、法规、行政规定等明确应当收回土地使用权，实行招标拍卖挂牌出让的；

（5）出让土地使用权改变用途，《国有土地划拨决定书》或法律、法规、行政规定等明确应当收回土地使用权，实行招标拍卖挂牌出让的；

（6）法律、法规、行政规定明确应当招标拍卖挂牌出让的其他情形。

2. 协议出让范围

出让国有土地使用权，除依照法律、法规和规章的规定应当采用招标、拍卖或者挂牌方式出让的，可采取协议方式，主要包括以下三种情况：

（1）供应商业、旅游、娱乐和商品住宅、工业用地等各类经营性用地以外用途的土地，其供应计划公布后同一宗地只有一个意向用地者的；

（2）原划拨、承租土地使用权申请办理协议出让，经依法批准，可以采取协议方式，但《国有土地计划决定书》、《国有土地租赁合同》、法律法规等明确规定的除外；

（3）划拨土地使用权转让申请办理协议出让的。现在国有土地使用权划拨已基本不存在了，更不适用于区域总部大楼项目的用地需求。

6.1.2 招拍挂运作流程

招拍挂一般有普通的招拍挂、内部运作土地招拍挂、城中村土地招拍挂三种形式，不同形式的运作流程不同。

（1）普通的土地招拍挂（图 6-2）

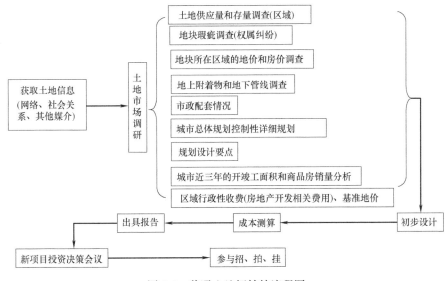

图 6-2 普通土地招拍挂流程图

（2）内部运作土地招拍挂（图 6-3）

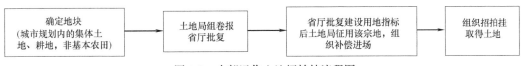

图 6-3 内部运作土地招拍挂流程图

（3）城中村改造土地招拍挂（图 6-4）

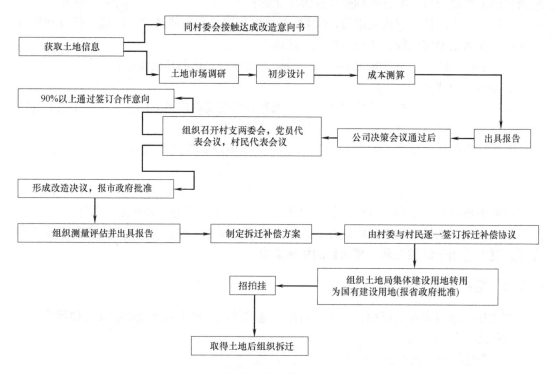

图 6-4　城中村改造土地招拍挂流程图

中建西南总部大楼是通过公开市场出让所得，即通过政府的招拍挂程序而取得的国有土地使用权，用以开发建设企业区域总部大楼，土地用途为商服用地。

6.1.3　转让方式

转让方式是土地使用权再转移的一种方式，即土地使用权人将土地连同地上建筑物、附着物一同转让给第三方的交易行为。原土地使用权所有人为转让人，接受土地使用权一方的为受让人。方式有出售、交换或赠予。土地年限为原土地使用权出让合同约定最高年限减去已使用的年限后的剩余年限。

在进行土地使用权转让时，土地不光是土地所有权要转移，土地范围上的建筑物、附着物一并都要转移，同时土地权利的共有人权利也随之转让。

6.2　土地价值评估

在项目开发过程中，土地价格是业主投资决策的关键因素。科学合理的定价计算可以保证项目建成后企业的利益。计算开发建设用地的价值通常采用假设的开发方法，即计算项目完工后土地未来发展的价值，减去未来的正常开发成本，税金和利润等。

运用假设开发法测算土地价格，一般分为以下六个步骤：调查土地的基本情况、选择最佳物业开发类型、估算开发经营期、预测开发完成后的项目价值、测算开发成本、计算得出土地价格。

6.2.1　调查土地的基本情况

土地的基本情况包括土地的位置、面积大小、形状、平整程度、地势、基础设施通达程度、土地用途、建设高度、容积率等，了解这些信息为确定物业类型、测算开发成本等服务。

6.2.2　选择最佳物业开发类型

选择最佳物业开发类型必须考量物业最佳类型、最佳档次和最佳定位。房地产开发类型的选择不仅影响开发完成后房地产的价值，而且还影响土地价值的判断。

6.2.3　估算开发经营期

参照常用的经济评价方法，开发经营期的起点是第一次土地出让日，重点是预测未来房地产开发完成的日期。确定开发期的目的是掌握开发成本，期间费用等的时间和金额以及投资效益。

6.2.4　预测开发完成后的项目价值

这是使用假设发展进行评估的最关键步骤。预计项目开发完成后的价值，通常采用市场法，并考虑类似物业的交易价格对未来趋势的影响。

6.2.5　测算开发成本

由于假设开发法可视为成本法的倒算，所以在开发成本测算中可以按照不同的业态参照相似的项目，进行各种费用的测算。

6.2.6　计算得出土地价格

经过前面的调查、测算，可得欲受让土地的价格。

欲受让土地的价格＝开发完成后的项目价值－开发成本－目标利润

以上计算得出的结果是我们的理想地价，但在实际的招投标过程中，情况更为复杂多变，为了应对招投标过程中的突发事件，规避市场风险，还需要考虑销售收入和土地价格同时变化的情况下，项目能否满足要求，从而作为土地招投标的参考。

6.3　土地获取决策

6.3.1　土地信息

土地信息主要包括土地信息收集、项目现场勘查、市场调研、编制前期策划方案、出具项目设计强排方案、项目立项申报、可研申报、实施方案申报等。同时根据土地获取方式不同，展开跟踪拓展筹备工作。

（1）信息收集

根据市场拓展需要，制定相应土地信息收集计划，扩充土地信息数据库。

（2）信息来源

1）与意向项目所在地的市、区土地储备交易部门建立联系，获取土地储备计划及供地计划。

2）利用政府、企业、媒体、机构、中介等资源，广泛收集有投资建设价值的土地信息。

3）鼓励内部员工、各兄弟单位提供有价值的土地信息。

4）通过上级单位，与政府、大型企业、高校等优质客户签订战略合作协议，获取土地信息。

6.3.2 现场踏勘

现场踏勘包括初步踏勘、市场调研、现场详细踏勘、上级领导单位的踏勘四个步骤。

（1）初步踏勘

得知土地信息后，进行项目现场踏勘，经过筛选分析，完成可跟踪土地信息简报，从投资方向、投资规模、投资操作、盈利能力等方面进行初步评估分析。将有价值的信息录入《土地信息跟踪表》。

（2）市场调研

通过现场踏勘，对目标土地周边进行市场调研，提出初步产品建议，为项目经济测算及设计强排提供依据和支撑。

（3）现场详细踏勘

对有意向跟踪的土地进行经济测算及合作模式深入研究后，报请审议，审议通过后邀请专业职能部门勘查项目，完成详勘。

（4）上级领导单位的踏勘

对公司审议同意跟踪的项目进行深入研判及洽谈后，邀请上级主管单位勘查项目，根据其要求及指示进行下一步跟进工作。

6.3.3 项目拿地策划

（1）立项策划

房地产事业部负责完成《拓展项目策划申请表》，公司领导签批后，启动项目市场调查及前期策划立项工作。

（2）策划拿地方案

1）方案编制

在完成《项目前期用地策划方案》后，通过对项目地块条件、上位规划及市场情况进行深入分析，就项目总体定位、业态类型、开发时序等提出拿地的经济测评结论性建议。

2）方案评审

用地方案初稿完成后，组织内部各业务线联合讨论后向分管领导汇报评审，分管领导评估项目可行性及相关风险，研究拟定项目推进策略，提出立项建议；利用相关资源，对项目前期工作提供专业支撑。综合意见后完成《项目前期策划方案》修改，报公司审核。审核通过后的用地方案作为投资策划及概念规划设计的参考依据。

6.3.4 拿地设计方案

拿地设计方案包括设计资料准备、拿地方案设计、设计成果评审三个步骤,每个步骤具体工作内容见表6-1。

拿地设计方案 表6-1

设计资料准备	1)准备用地红线图、地形图、用地指标、上位规划、市政配套设施等基础资料,完成《拓展项目策划申请表》签批。 2)再行组织设计单位相关人员至项目地进行现场踏勘
拿地方案设计	设计业务线负责组织完成项目前期拿地强排及规划方案设计
设计成果评审	1)专业部门负责组织各业务部门参加,对设计成果进行评审。 2)将评审通过的强排及规划方案,报公司审议确定设计方案

6.3.5 拿地决策

(1)项目经济测算

拿地部门根据设计强排方案完成项目经济测算,项目实际测算结果需满足上级投资测算标准要求。

(2)决策议案

1)拿地部门负责编制项目可行性研究报告、公司总常会议案、投资决策会议议案。

2)专业部门负责将上会的系列议案提报公司审议,结合会议意见进行修改,再上报拿地决策会议审议,通过后即形成拿地决策。

6.4 土地获取流程

土地获取方式一般有三种,第一种是通过招拍挂方式直接从政府拿地,第二种是通过项目收购方式获取,第三种是通过一二级联动开发获取土地。随着《国有土地上房屋征收与补偿条例》的出台,此种方式已不具可操作性。中建西南总部大楼采用招拍挂方式从政府拿地,具体拿地流程见表6-2。

拿地流程 表6-2

竞买报名	1)土地竞买申请文件编制
	  以招标形式出让的土地,由负责拿地部门组织公司相关人员等编制土地竞买申请文件,并启动土地竞买申请文件评审,评审通过后,向上级主管部门发起投标审批流程,报上级主管机关审批。需明确以下内容:
	  ①投标启动会:土地竞买文件领取 2 个工作日内,房地产事业部负责组织召开项目投标启动会,需明确以下内容:
	    a. 组建投标领导小组和工作小组;
	    b. 明确投标文件编制小组,包括报价组、技术组、外联组、资信组等;
	    c. 明确投标人员职责分工;
	    d. 制定投标工作安排。
	  ②投标文件编制:房地产事业部负责组织投标工作小组按要求编制土地竞买申请文件,公司投资发展部配合。
	  以挂牌、拍卖形式出让的土地,房地产事业部负责准备参与挂牌申请材料,公司财务部配合局财务部办理缴纳土地竞买保证金。
	2)摘牌/开标
	  城市开发项目摘牌/开标由主责部门负责,公司主职领导参与

证照借阅	1)项目投标需借用上级或相关单位相关证照与业绩时,需在投标文件递交前15个工作日向上级机关发起投标借阅申请。 2)申请经由主管部门发起,报上级单位审批通过后,由主责部门办理资料借用手续并及时归还
投标保证金缴纳	项目土地挂网后,按要求准备相关资料,并及时报财务部门办理保证金打款手续
竞争企业排查	1)竞争企业可通过公司内部已有的信息库,公开信息源(如报刊、互联网和商业数据库等),第三方咨询服务机构等信息渠道进行排查。 2)竞争企业排查信息包括以下内容: ①基本情况:企业名称、地址、联系电话、电邮、网址,企业性质、工商注册项、财务状况; ②组织情况:企业股权结构、法人代表、经营决策层构成,企业决策程序、企业机构和职能部门设置,人员规模和专业分布; ③企业偏好:主要决策者的做事风格和做事偏好,企业拿地区域、价格偏好; ④关联企业状况:重要合作伙伴、上下游企业、顾问机构; ⑤营销信息:渠道价格体系,营销体制构成和渠道的构成,市场区域布局、行业分布,用户构成,商业模式和盈利点描述; ⑥技术信息:科研创新体制,拥有的核心技术,产品中应的技术所处的技术阶段,可能的新技术储备,拥有的特殊资源(专利技术、技术和管理精英、特许和认证等); ⑦运营特色概括:特色运行机制、运营模式等; ⑧人力资源特点:员工忠诚、流动性评价; ⑨商誉评价:商业可信度评价等; ⑩其他情况
竞争企业应对策略	1)通过与政府部门沟通,借助政府资源对竞争企业采取劝退措施; 2)直接与竞争企业沟通商谈,尽力劝退; 3)与竞争企业建立合作关系,通过前期商谈,以合作方式获取土地

获取土地职能分配

获取土地过程中各部门应责任明确、紧密配合,前期土地信息收集、项目踏勘主要由公司总部主管部门全面负责。前期策划由公司总部主管部门和公司财务部、法务部共同完成。获取土地设计方案由公司总部主管部门全面负责。土地招拍挂阶段由公司投资部、财务部、合约法务部共同完成。

各级组织机构管理职能分配表 表6-3

序号	职能			职能内容描述	各级机构职责分配			对应表单
					公司总部		项目管理机构	
	一级	二级	三级		主管部门	配合部门		
1			信息收集计划	据公司市场拓展需要,制定相应项目信息收集计划	全面负责	—	—	—
2	土地拓展	信息收集	土地信息来源	市、区土地储备交易部门,政府、企业、媒体、机构、中介等资源,公司员工、各项目公司员工、各兄弟单位等提供	全面负责	公司各部门	配合参与提供信息	—
3		项目勘查	内部勘查	内部现场勘查项目,提出项目可跟踪性	全面负责	—	—	—

序号	职能			职能内容描述	各级机构职责分配			对应表单
	一级	二级	三级		公司总部		项目管理机构	
					主管部门	配合部门		
4	土地拓展	项目勘查	市场调研	完成周边市场调研,提出产品初步建议,为经济测算及设计强排提供支撑和依据	全面负责	—	—	—
5			公司领导勘查	项目出具初步经济测算及合作模式建议并深入跟踪后,邀请公司领导勘查项目,做出下一步指示	全面负责	—	—	—
6			局及股份公司领导勘查	项目经过较深入的跟踪及洽谈后,邀请局及股份公司领导勘查,进行后期深入研判	全面负责	财务部/合约法务部	—	—
7		项目前期策划	策划立项	完成《拓展项目策划申请表》签批后,出具项目建议书、请示及法律意见书,进行项目立项申报	全面负责	—	—	—
8			方案编制及评审	完成《项目前期策划方案》编制及评审	全面负责	财务部/合约法务部/商务部	—	—
9		获取土地设计方案	设计资料准备	提供用地红线图、地形图、用地指标、上位规划、市政配套设施等基础资料,并完成《拓展项目策划申请表》签批	全面负责	—	—	—
10			获取土地方案设计	组织完成项目前期获取土地强排及规划方案设计	全面负责	—	—	—
11			设计成果评审	各专业线对设计成果进行评审,评审通过的强排及规划方案,报分管领导审议,并报公司主职领导审核	全面负责	—	—	—
12		项目上会	项目经济测算	根据设计强排方案进行项目经济测算,项目实际测算结果需满足局投资测算标准要求	全面负责	—	—	—
13			项目议案编制	编制项目可行性研究报告、公司总常会议案、上级投委会、董常会会议案,并将相关议案逐级上报分管领导、公司总常会、上级投委会、董常会审议	全面负责	投资管理部	—	—
14		股权收购	尽职调查	与项目所有方展开洽商,详细了解项目所属企业背景、企业结构、企业负债情况、项目背景、规划条件、获取模式、风险等情况	全面负责	合约法务部	—	—
15			合同谈判	由公司领导带领合约等相关人员对接合作方,展开商务洽谈,约定合同各项条款,尤其对重大条款进行洽谈,会同法务共同起草股权收购开发协议	配合参与	合约法务部全面负责	—	—

续表

| 序号 | 职能 | | | 职能内容描述 | 各级机构职责分配 | | | 对应表单 |
| | 一级 | 二级 | 三级 | | 公司总部 | | 项目管理机构 | |
					主管部门	配合部门		
16	土地拓展	招拍挂	竞买报名	负责完成土地竞买申请文件编制,投标小组组建,竞买工作筹备,证照借阅等	全面负责	投资管理部	—	—
17			投标保证金缴纳	项目土地挂网后,按要求准备相关资料,并及时报局财务部办理保证金打款手续	全面负责	财务部	—	—
18			竞争企业排查	通过相关渠道对竞争企业各项情况进行排查并制定应对策略	全面负责	合约法务部	—	—

本 章 小 结

　　获取土地一般有出让、转让、从划拨地转让为出让地三种方式。获取土地前要进行土地价值评估,评估应注意市场数据要公平、按预期收益进行评估、合理考虑供需原则,评估方法一般采用基本评估法或者应用估价法,依项目具体情况而定。获取土地前还应收集土地信息、现场获取土地信息,依据资料进行获取土地策划。土地获取方式有招拍挂、项目收购、一二级联动开发三种。中建西南总部大楼在获取土地过程中各部门由公司总部主管部门全面负责,公司其他部门密切配合,通过公开市场招拍挂取得项目土地。

7

项 目 融 资

获取土地之后，项目需要有充足的资金以支持项目的开发建设。目前的融资方式较多，但多数业主仍以贷款融资作为主要融资渠道。融资过程中降低资金成本是控制成本的关键环节，另外融资风险的防控也是影响项目成败的重要因素。本章重点介绍中建西南总部大楼的融资实施方式、融资成本分析及融资风险防范措施（图 7-1）。

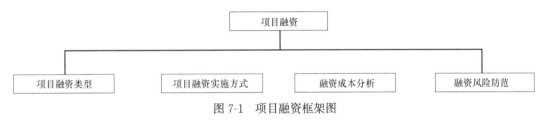

图 7-1　项目融资框架图

7.1　项目融资类型

项目融资是以项目为主体进行的融资安排，主要依赖项目的现金流量、盈利前景和资产本身，而不依赖项目投资者的资信。项目融资主要集中在开发项目、基础设施项目和大型工程项目，这些项目往往需要大量的资金来源。项目所筹集资金的偿还主要依靠项目本身产生的现金流。常见的项目融资方式有以下几种：

（1）贷款融资。直接从银行取得贷款来完成项目，是最传统的融资方式，也是项目融资的重要组成部分；

（2）BOT 融资方式。主要用于基础设施建设项目，也是一种工程建设的管理方式。

（3）金融租赁。通常用于资产项目，租赁的一般形式是，租赁公司以自己的信用从银行取得贷款，购买厂房及设备，然后租赁给项目公司。项目公司在项目营运期间，用营运收入来支付租金。

（4）以偿还项目贷款的形式支付产品。借款人直接用项目产品还本付息。

（5）资产证券化。是以项目所属资产作为支持的证券融资方式。即以项目拥有的资产为基础，以项目资产能够带来的预期收益为保证，通过信用增级，发行债券在资本市场筹集资金的一种项目融资方式。

中建西南总部大楼采用直接融资的方式，项目启动之初，公司就开始接洽各大银行，2017 年 5 月，建行四川省分行审核并通过了项目融资方案，项目公司仅利用自身的资产作为担保，以较低的融资成本取得了项目贷款，8 月项目公司提取了第一笔融资款 5000 万元。

7.2 项目融资实施方式

7.2.1 项目融资实施的原则

（1）安全性。融资项目所生产的产品必须是市场需要的，合理分担项目风险。

（2）物资保证性。融资项目需要固定资产作为融资的物资保证。

（3）效益性。用最少的投资获取最大的效益，拟开发项目尽可能与相关地区、产业政策相吻合。选择融资渠道时要综合考虑企业及项目的特点，采用对自身有利的贷款安排。选择承包商时要考虑其技术实力和资信程度等因素。

（4）偿还性。项目融资是需要还本付息的，通常用项目新增的利润或提取的折旧基金偿还。

（5）合法性。应符合国家有关工业，土地，环境保护和投资管理的政策法规。

（6）计划性。做好资金来源和还款方式的计划安排。

7.2.2 项目融资阶段

项目融资一般分为融资分析、融资谈判、融资执行三个阶段（表7-1）。

融资阶段		表7-1
融资分析阶段	通过对项目广泛深入的研究，制定出融资方案	
融资谈判阶段	同银行金融机构进行洽谈，提供可行性研究报告等项目相关资料。贷款银行经过现场考察、尽职调查和多轮谈判后，根据双方协商一致的内容按照银行要求签署有关协议、担保文件等	
融资执行阶段	由于融资银行承担了项目的风险，因此会加大对项目执行过程的监管力度，通常贷款银行会监督项目的进展，管理和控制项目贷款资金的投入和现金流量。银行的参与，某种程度上也会帮助加强项目风险的控制和管理	

7.2.3 中建西南总部大楼地产开发项目融资实施

中建西南总部大楼开发项目采用的是传统的项目贷款融资方式。即以项目土地及在建工程作为抵押物，以项目建成后的收益作为还款来源。

金融机构对项目贷款的审查，主要进行企业资信等级评价，包括企业资质、资金实力、偿债能力、企业经营管理能力、获利能力、企业在贷款银行的资金流量、以往经营业绩等。

金融机构对开发建设项目的审查。审查时要评价的指标包括：项目四证落实情况、自有资金占总投资比、自有资金到位情况、项目地理及交通位置、市场定位、营销能力、财务评价指标、贷款期限、贷款数量、利率等相关因素。

贷款综合评价，主要是测算项目贷款的综合风险度评价指标。

金融机构对抵押物的要求是具有合法的地产抵押权、择优选择设押的抵押物、合理确定抵押率（贷款价值比率）、处置抵押物的渠道畅通。

贷款资金的提取应注意：

（1）签订贷款协议时一般会对贷款期、提款期、宽限期、还款期作出明确的规定。贷款协议签订生效后，按要求在贷款银行开立专用银行账户，贷款资金要求封闭运行，确保专款专用。项目贷款协议约定的提款期为贷款协议生效后的二十四个月内提取完毕，建设期内按月支付利息，运营期分期还本按月付息。

（2）贷款银行首先要求项目资本金与贷款资金同比例到位，并先投入使用。项目贷款需要根据工程进度，约定支付条件提取，按约定进行支付。

（3）合理确定提款金额和时间。

按照贷款协议，中建西南总部大楼项目贷款的支付方式为受托支付。项目须向贷款银行提供具体的用款计划，提交贷款银行进行审批。

（4）提款时应提交的支撑材料。

中建西南总部大楼项目贷款主要于建安工程、设备物资采购、设计咨询服务等相关成本支出（表7-2）。

提款应提交的支撑材料　　　　　　　　　　　　　　　表7-2

支出项目	提 交 资 料
建安工程	施工承包合同及合同中关于付款条款规定需提交的文件；工程进度计量报告(需要相关第三方造价盖章确认)；监理报告；发票及支付证明等
设备、物资采购	合同中关于付款条款规定需提交的文件；预付款(须提供预付款保函)；设备、物资验收单；发票及支付证明等
设计咨询服务	合同或协议；合同中关于付款条款规定需提交的文件；设计咨询服务工作完成确认单；发票及支付证明等

7.3 融资成本分析

融资成本，也称资本成本，是公司为筹集和使用资金而支付的价格。对于基金所有人来说，在一定时期内，基金使用权的转移被认为能够在到期日收回基金，而基金的转移可以带来回报。对于需要资金的人，基于信用拥有一定时间内有偿使用资金的权利，为获得该使用权而支付的费用即为融资成本。

7.3.1 融资成本的构成

融资成本的构成主要包括资金筹集成本和资金使用成本。

（1）资金筹集成本是指在融资过程中为获得资金而付出的代价。通常在融资时一次性支付，属于融资的固定成本。主要包括各种融资方式产生的手续费、股票和债券的发行费、印刷费、公证费、保证费等。

（2）资金使用成本又称资金占用费，包括支付给股东的股利和向债权人支付的利息费用。资金使用成本是融资成本的主要内容，具有经常性和定期支付的特征，并且随着资金使用数量的多少和使用期间的长短而变动。

7.3.2 融资成本比较

股权融资成本一般来说相对较高。理论上认为股权融资最具有机会成本，使用股权融资须达到投资者要求的最低报酬率。

债务融资成本通常是向社会发行债券或向银行等机构借款直接支付的利息。债务融资产生的利息费用，由于可以在所得税税前列支，对于企业来说具有税盾效应。债务融资成本首先是银行借款成本，然后是发行债券的成本。债券的融资费用较高，但由于可以在所得税税前列支，因此同样具有减税效应。

通过融资成本的分析比较，股权融资成本最高，而债务融资成本次之，最后是内部融资。另外还需要综合比较资金利用率、融资资金偿还能力、融资机制规范程度和，融资主体的自由度。

选择最优的融资方式是一个不断变化的、动态的过程。需综合评价多方因素。一是充分利用债务融资的减税效应；二是正确对待融资偏好，发展多渠道的融资方式；三是合理设计权益融资和债务融资比例，使加权平均资本成本实现最小化。

中建西南总部大楼采用债务融资，融资成本只包含利息，具体测算见表7-3。

融资成本测算表　　　　　　　　　　　　　　　　表7-3

项　　目	总　计	第一年	……	第 n 年
1 投资使用				
1.1 不含建设期利息的建设投资				
1.2 建设期利息				
1.3 流动资金				
2 资金筹措				
2.1 资本金				
2.2 借款				

为降低融资成本，公司多次与银行对接，将融资成本由央行五年期以上贷款基准利率上浮 8%变更为按央行五年期以上贷款基准利率上浮 5%，节约了融资成本，为整个项目后续开发提供了强有力的资金保障。

另外，为提高资金使用效率，保证工程进度，合理降低财务成本，项目公司设置了年度、季度现金流节点。坚持按合同、进度、预算编制年度项目资金需求计划，分季度编制资金滚动预算。一方面为项目正常的开发建设积极的筹措资金，另一方面做好过程中的资金运作，根据资金使用的时间和需要量做好贷款提取计划，合理安排资金。

7.4 融资风险防范

7.4.1 融资风险类型

按融资方式不同，融资风险主要有银行贷款融资风险、项目融资风险、租赁融资风险、债券融资风险、股票融资风险（表7-4）。

融资风险类型 表 7-4

银行贷款融资风险	利用银行借款方式融资时,因利率、汇率及有关条件发生变化而使企业盈利遭受损失的可能性。利率变动风险、汇率变动风险、资金来源和信用风险。这些风险具有一定的客观性,非企业自身所能决定
项目融资风险	项目风险分为系统风险和非系统风险两大类,每一类又包括多种风险,因此在利益相关者之间进行风险分配和管理是项目融资能否成功的重要因素
租赁融资风险	租赁方式融资风险是指由于租期过长、租金过高、租期内市场利率变化等带来一定损失的可能性。主要包括技术落后风险、利率变化风险、租金过高风险等
债券融资风险	债券方式融资风险是指对债券发行时机、发行价格、票面利率、还款方式等因素考虑欠佳而遭受损失的可能性。债券具有偿付本息的义务性,决定了债券融资必须充分依托企业的偿债能力和获利能力
股票融资风险	这种风险与债务融资风险相比,风险较小。风险可由更多股东承担。但因经营成果无法满足投资者的投资报酬期望,使得融资难度加大

7.4.2 融资风险防范

(1) 防范现金性融资风险,重点是将资金使用与合理的负债期限相匹配,并科学安排现金流量。

(2) 防范收支融资风险,需要从根本原因入手制定相应对策,通常是从资本结构和债务重组两个方面来进行。

(3) 加权财务、资金运作的日常财务分析,防范融资风险。为提高公司支付流动性能力,必须确保有足够的现金流。通过制定资金周转计划,推进资本预算管理,确保资金流动性,降低融资风险。

融资风险的控制需要经过精心策划,对到期无法偿还债务或无法实现预期报酬的风险进行有效控制,建立防患于未然的控制机制。

地产开发项目从买地、建设到销售、租赁的所有环节,开发企业几乎承担了所有风险。传统的融资模式并没有形成有效的风险分担机制。利用项目融资有限追索权的特点能够有效地分担项目开发风险。除有限的抵押担保之外,还可以将项目的风险独立于投资方其他资产和其他项目之外,贷款人仅需以项目的资产和未来收益作为还款来源。项目各参与方依据签订的合同,为项目提供质量保障与完工保障,把责任和风险合理的分担,从而降低信贷风险和市场风险。

本 章 小 结

项目常用融资类型有项目贷款融资、BOT 方式融资、融资租赁、产品支付、资产证券化。选择融资方式时要遵循安全性、物资保证性、效益性、偿还性、合法性和计划性五项原则。融资成本是选择融资方式的重要因素,融资时要合理设计权益融资和债务融资比例实现资本成本最小化。同时要注意防范融资风险。中建西南总部大楼的融资渠道为银行贷款,通过降低贷款利率节约了融资成本,并通过设置现金流节点合理降低财务成本。

8

规 划 设 计

规划设计是项目开发的重要一环，直接关乎设计预期、品质质量及使用功能，决定项目实施是否顺利，也是成本控制的关键环节，而对于区域总部项目，规划设计可能会给项目带来重大安全隐患。本章介绍中建西南总部大楼的设计任务书编写重点，方案设计、初步设计、施工图设计、专项设计、设计变更的管理工作重点以及设计方案（图 8-1）。

图 8-1 规划设计框架图

8.1 设计任务书

设计任务书是项目建设的概要，是确定建设项目和施工计划的重要文件之一，也是制定设计方案和编制设计文件的主要依据。在工程建设之前，设计任务书起到定项目、定方案的作用。审批判通过后，项目即基本确定，可据此进行概念设计和方案设计。国家规定，今后凡是列入中期计划的建设项目，应力争做到有经过批准的设计任务书，列入年度基建计划的项目，一定要有完备的、经过审批的设计任务书和初步设计。决不允许先上项目，后编制设计任务书或者以年度基建计划代替设计任务书。设计任务书未经批准，不得与国外正式签订技术引进和成套设备引进协议或合同。

按照基建程序的规定，一项基本建设工程要先进行可行性研究，作技术经济论证，然后才能着手编制设计任务书。对可行性研究论证中推荐的最佳方案作进一步的分析，落实建设条件和协作配合条件，审核技术经济指标的可靠性，审查建设资金来源，为项目的最终决策提供依据。

设计任务书还应包括设计过程中的设计调整要求，甚至包括合同中的一些要求。在编写设计任务书之前，需要进行规划研究，参与市场研究和规划，以及形成产品定位报告。参与成本估算，还需要确定施工图设计任务中的设计极限；准备整体设计计划等。只有做好这些工作，才能编制出合理有效的设计任务书。在确定设计结果时，业主设计经理应该站在产品定位的角度，或者客户的角度。因此，好的设计管理不仅仅只针对设计，还涉及规划、计算、设计任务书的编制等多个方面。

样本：中建西南总部大楼设计任务书

中建西南总部大楼项目

精装设计任务书

1. 项目名称：中建西南总部大楼项目

2. 设计依据

我司提供的定位报告及相关土建条件图；

建筑方案文本及建筑基础模型；

中华人民共和国国家及成都市地方有关工程勘察设计管理法规和规章；

符合国家现行有关强制性标准的规定；

《建筑内部装修设计防火规范》GB 50222—2017 的有关规定；

中华人民共和国有关物料安全规定；

本工程相关建设批准文件；

中建西南总部大楼设计任务书及设计要求。

3. 设计内容

3.1 设计内容

地下一层餐厅（960m²）

30 层跃层（1140m²）

3.2 设计范围

面积 \ 部位	负一层餐厅	30F 跃层
面积(m²)	960	1140

设计面积暂定约：2100m²

4. 设计要求

4.1 总体要求

4.1.1 方案构思及提炼元素最好能有体现中国建筑的行业特点，公司文化的相关内容。

4.1.2 根据项目定位，灵活运用各项设计手法，推陈出新，并具有可行性。

4.1.3 空间构成上需体现正式、宏伟与尊贵，着意表达高端写字楼的概念。

4.1.4 注重室内外空间的延续性，写字楼大堂要与室外空间的材质相对联系，室内效果与项目建筑风格及景观环境相融合，材料及色彩的运用自然和谐，根据空间大小设置休憩区。

4.1.5 在物料选择及功能分区、流线组织方面，应充分考虑后期维护与管理方便，物料选材应避免选择不易维护、市场垄断难以询价的材料。

4.1.6 公共卫生间整体空间应以干净、明亮、整洁的装饰手法为设计的初衷。

4.1.7 设计过程中应对原始建筑平面提出合理优化设计建议，并能对建筑的空间功能，环境等有一定提升。

4.2 设计风格要求

设计风格为简约、典雅，体现国际化、时代感、尊贵感并与央企形象相符，设计单位可根据各空间实际情况提出具体风格方向。

4.3 成本控制要求

序号	区域空间名称	设计单方造价
1	负一层餐饮厨房	1500 元/m²
2	30 层跃层	5000 元/m²

4.4 其他要求

符合相关的规范、条例、规定与要求；

在保证效果、符合使用功能要求的前提下做到经济合理；

保证设计进度和设计质量措施的落实；

配合现场施工服务及时有效。

5. 设计深度

精装设计分三个阶段，概念设计——方案设计——施工图设计；各阶段设计及服务均需达到甲方及行业标准的要求。

各阶段的服务内容（服务内容应包括但不限于以下）：

设计阶段名称	各阶段设计成果内容及深度标准	图纸数量
概念阶段	概念设计总说明 平面布置图(含:平面功能布置、墙体放线尺寸、家具布置) 天棚布置图(含:灯位、照明方式、灯具数量) 地面材质图 风格图片板(代表性设计走向、设计风格) 重要空间节点彩色效果图(大堂大门、首层大堂、电梯前室、公共走道、公共卫生间、电梯轿厢内装、室内特殊门窗) 成本概算表	两套、含所有内容的电子光盘一张
方案阶段	1. 重点部位顶棚造型节点大样； 2. 平面布置图(含:平面功能布置、墙体放线尺寸)； 3. 地面物料及铺装图； 4. 主题墙、端景墙、特殊造型墙立面图及重要节点大样； 5. 门窗图节点大样； 6. 重要空间表现图或效果图(大堂大门、首层大堂、电梯前室、公共走道、公共卫生间、电梯轿厢内装、室内特殊门窗,其他各空间经甲方确定后出正式效果图)； 7. 主要材料样板(天地墙)	四套、含所有内容的电子光盘一张,硫酸纸一套
施工图阶段	1. 装饰施工图 (1)平面图： a. 平面功能布置图； b. 平面铺装图(物料图)； c. 放线图(墙体及室内分隔、固定家具尺寸)； d. 顶棚布置图(含层高、天花标高、材质标注、空调出风口定位、灯孔定位尺寸、灯具型号及图例、吊灯位、大样图索引)； e. 配套机电专业(水、电、空调等)的点位图、系统图和布置图(标立面、平面详尽尺寸)等专业施工图；	四套、含所有内容的电子光盘一张,硫酸纸一套

续表

设计阶段名称	各阶段设计成果内容及深度标准	图纸数量
施工图阶段	(2)立面图 a. 主题墙、端景墙、特殊造型墙立面图； b. 标准立面图； c. 硬质装饰立面拼装图(厨房、卫生间等需拼缝空间)； d. 控制物件安装图(开关、插座、控制器等装饰物件安装定位) (3)大样图 a. 主题墙、端景墙、特殊造型墙大样； b. 卫生间构造大样(洁具安装大样)； c. 地面(含地毯、地砖、地板及其他)标准铺装大样图； d. 造型地面(地台、踏步、地坑、地坪造型等)节点大样图； e. 造型顶棚节点大样； f. 标准顶棚安装大样； g. 结构大样； h. 装饰物件构造大样； 2. 配套资料 (1)施工说明； (2)物料表(用材表、用量、供方资料)； (3)物料样板(三套，研发部、造价部、工程部各一套)； (4)图片资料：家具图片、灯具图片、窗型配饰图片； (5)概预算书	四套、含所有内容的电子光盘一张,硫酸纸一套

6. 设计进度

概念方案设计时间15个工作日；

扩初方案设计时间15个工作日；

招标图或施工图设计时间25个工作日；

甲方有权根据中建西南总部大楼设计进度、工程进度要求调整各阶段设计计划。

8.2 方案设计（图8-2）

方案设计的依据是由营销策划部编制并经公司审批通过的《项目策划定位报告》，在项目开发不同阶段的设计管理工作中，公司各业态需求部门应提供明确的设计输入条件以确保设计管理部正常推进《设计任务书》的编制工作，总部基地在方案设计阶段的输入条件如下：

营销策划部需提供的重要材料，包括：办公产品定位报告、竞品项目分析、层高控制要求、得房率控制要求、垂直交通的需求、办公区与核心筒构成方式的初步意向；商业产品定位报告、商业楼层分布和净高要求、主力店的位置及面积需求、竞品项目分析、商业功能的层数控制需求；酒店产品定位报告、竞品项目分析、酒店业态分布，品牌及星级、初步的客房数、客房面积要求、层高控制需求及后勤功能用房等。

欲要建造一幢好的地标性企业总部建筑，首先应选定一个优秀的设计方案。区域总部项目的定位高，要达到世界一流水准，并且建成后的几十年甚至上百年不落伍，首先必须有世界一流的建筑设计事务所直接参与。其次，要运用市场竞争机制，邀请数家具有区域总部设计经验的设计事务所参与竞争，创造出各自最优的设计方案，以便优中选优。最后要邀请国内外建筑设计专家组建评委会，进行国际评标，保证评审结果公平、公正、合理。

中建西南总部大楼旨在打造绿色建筑、数字建筑。建筑采用板式办公楼，137m 建筑高度＊65m 面宽的体型。建筑形体在面向区域主要景观资源——天府新区中央公园的处理策略是在保证建筑形体比例的前提下，尽量拉伸其延展面，平面布置上采用核心筒后置的方式，以使直接面向景观的办公面积最大化。

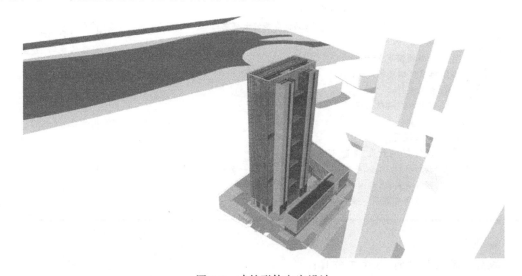

图 8-2　建筑形体方案设计

设置大尺度入口广场以及建筑底部柱廊。建筑对于城市道路做了最大退让，在得到大尺度入口广场的同时还取得了良好的城市空间形态。主体塔楼底部三层通高柱廊，得到的不仅仅是气势恢宏的入口大厅，还有整个城市的通透视觉。建筑立面采用竖向遮阳板系统。根据当地气候条件，设计遮阳板与太阳方位角成一定角度。

8.3　初步设计

对于企业总部项目，需要在设计方案通过审核之后进行初步设计，并将初步设计文件报当地建设局、人防办等相关部门进行专项审批，取得审批意见后方可进行下一步施工图设计工作。初步设计阶段是公司总部项目设计过程中的关键阶段，是整个设计理念基本形成的阶段，也是解决各专业系统、体系论证的重要阶段，直接决定后续施工图测算的总成本。

8.3.1　初步设计关注点

初步设计关注点见表 8-1。

初步设计关注点   表 8-1

结构选型	根据国内外工程统计,企业总部建筑的结构造价占房屋建筑总造价的比例可达 1/3 左右。混合结构造价高于钢筋混凝土结构,企业总部随着高度和设防烈度增加,工程造价随之增加
空调系统	相比常规项目,企业总部建筑空调系统设计将显得更加重要,系统设计是否合理,将会对工程的安全性、节能性、经济性和运行管理等产生重大的影响
供电安全性和稳定性	配电系统的设计上,需考虑多回路供电及备用发电机组的配置。因超高建筑的高度,变配电房可以考虑设置在塔楼中部的楼层,以减少低压配电的损耗。备用柴油发电机设置于地库层,供电电压采用 10 千伏输出,再经变压器降压至低压配电,保证配电至塔楼的高层。 作为超高楼,楼层多,机电方面的设备自然也多,为了让业主获得更多的使用空间,在排布电缆和竖井方面要尽量减少转换竖井和缩小竖井等所占用的空间,以便提供出更多的空间给业主使用
专家论证	在初步设计阶段,结构专业需召开的专家论证会有结构选型论证、超限抗震专项论证、基坑支护方案论证等

8.3.2 初步设计政府审查

建设工程初步设计的审查要点见表 8-2。

初步设计审查要点   表 8-2

初步设计审查重点	应符合已审定的设计方案
	能据以确定土地征用范围
	能据以准备主要设备及材料
	应提供工程设计概算,作为审批确定项目投资的依据
	能据以进行施工图设计
	能据以进行施工准备

    房地产开发企业在取得建设工程设计方案的审查意见之后,可到当地建设局申请建设工程初步设计审查,其申请材料一般包括申请表,初步设计文件,方案设计审查意见,消防、人防、园林等专项审查意见以及建设用地规划许可证等。需要说明的是专项审查并不是每个房地产项目都需要进行,因此流程会存在一定的差别,需要根据项目的实际情况和当地的法律要求来确定。

8.3.3 中建西南总部大楼初步设计

    中建西南总部大楼主楼地上 30 层,建筑高度约 137.27m,结构选型采用现浇钢筋混凝土框架＋剪力墙筒体结构体系,为 B 级高度高层建筑,属于四川省抗震设防超限高层建筑工程,框架和剪力墙抗震等级均为一级。利用电梯井和楼梯间设置两个钢筋混凝土筒体,提高结构的抗侧刚度,但由于筒体偏置,刚心与质心偏离,结构布置时适当加强内部筒体刚度,减弱外围突出部分的刚度,减小刚度偏心的影响。为适当减小柱截面尺寸、改善其延性性能,下部楼层框架柱采用型钢混凝土柱,楼盖采用现浇钢筋混凝土楼盖。抗震设计采用性能化设计方法。东侧及北侧商业、酒店地上 5 层,建筑高度约 21.35m,结构选型采用现浇钢筋混凝土框架结构体系,框架抗震等级为三级。因结构平面纵向长度过长,结构平面长宽比较大,可设 1 条防震缝将平面分为较规则的 2 个单体,以减少混凝土温度收缩作用和控制抗震设计结构总体指标（图8-3）。

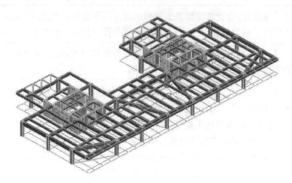

图 8-3　标准层计算简图

根据工程具体情况，并结合使用方意见，中建西南总部大楼拟采用多联机空调系统。这种系统组件少，构成简单，安装便捷；而且系统以楼层或楼层使用单元为单位，可由在室人员根据需要自行启停空调机组；还可独立计量空调用电，便于独立计费，促进行为节能。

多联机空调系统需要重点解决室外机的设置空间，以保证室外机的良好散热和维护方便。中建西南总部大楼在建筑外墙设置挑板放置室外机，立面设置百叶以满足美观要求。考虑到楼层数多，奇数层和偶数层的室外机拟错开布置，以避免楼层间热气流的不利影响。

办公楼层每层设置多联空调新风系统，利用新风竖井供给新风，新风管理风机设置于避难层兼设备层，新风经集中采集、过滤后送至各层空调新风机入口。

供电电源拟由市电网引来两路独立10kV电源供电，一用一备，备用电源承担除制冷系统用电外的其余负荷用电。

8.4　施工图设计

施工图设计是规划设计最终端的设计阶段，各类专业成果的逐级输出，解决项目实施前终端技术问题，尽可能将原则性、技术性的疑问在规划设计阶段的施工图设计之前最大限度地处理解决。

房地产公司、设计单位、施工单位等普遍认同施工单位应该根据施工需要进行相应的深化设计。深化设计的内容应包括机电综合图、专业深化图、加工图等。在一般建设项目中，施工单位委托有资质的设计单位进行施工图设计，施工图纸经审查后用于招标和施工。住房和城乡建设部《建筑工程设计文件编制深度规定》（2008年版）中明确了各阶段设计院设计图纸的内容、深度和表达方式。因此，业主聘请设计单位提供施工图，另外在合同中要求施工单位进行深化设计（机械综合图纸）和专业加深图纸。施工单位深化设计找不到法律上的支撑点。在国内的现行体制下，施工合同的主体是建设单位和施工单位。施工招标一般只要求施工资质等级，很少提及设计资质。在规定中，施工单位没有最基本的施工图纸资质，更不用说严格的项目施工图设计了。因此，施工单位的深化设计仅是加工图纸的范畴。

中建西南总部大楼设计评审表见表8-3。

设计评审表

表 8-3

日期：　　　　　　　　　　　　　　　　　　编号：

项目名称			
设计阶段		评审时间	
设计专业			
设计单位			
评审意见			
部门会签意见			
	设计部		成本部
相关部门			
项目负责人			

8.5 专 项 设 计

8.5.1 人防设计

按照规定，"所有民用建筑工程应按规定同时施工防空地下室"。由于地质、地形、施工条件的限制，不能修建人防地下室的，建设单位必须报人民防空主管部门批准；经批准后，建设单位可不修建的，应当向人民防空主管部门缴纳利用土地改造的人民防空工程的建设费，由人民防空主管部门统一组织建设。

企业总部项目非居住项目，可以根据条件和需要配套建设专业队工程（医疗救护工程）和物资库工程。原则上每建设一个防护单元的专业队工程（医疗救护工程），可设置一个防护单元的物资库工程。

关于专业队员掩蔽所防护区及移动电站防护区是否设置、设防等级均应结合规范条文与人防办沟通，在不违反规定的前提下尽量不设或降低设防等级。

8.5.2 深基坑工程

深基坑支护工程是当前建筑行业十分关注的工程热点，具有技术复杂、综合性强的特点，同时对工程造价具有举足轻重的影响，其费用可能占到整个地下空间项目土建工程造价的30%。且基坑支护工程具有一定的隐蔽性和很强的技术性，受工程地质条件、施工技术和周边环境等因素的影响较大，因此也导致了基坑支护工程在招投标阶段难以确定合理价格，在合同履行过程中造价变化较大。一旦工程地质条件发生改变，成本将大大地增加，造价甚至可能成倍增加，国家现行《建筑地基基础设计规范》GB 50007—2011、《基坑支护技术规程》JGJ 120—2012 等对基坑支护设计有明确条文限制，设计单位应严格执行，确保基坑设计图纸通过图纸审查。基坑支护设计单位应充分考虑地质及水文条件，确保基坑开挖的安全、保证地下结构施工的安全，防止地面出现塌陷、坑底管涌等现象、保证周围环境不受损害。设计文件中除对施工提出相关要求外，还应考虑基坑开挖时的常见问题及特殊情况发生时的预案处理等。

此外，业主方可在设计要求或设计任务书中提出对基坑支护设计的各项具体要求，如四周环境安全所允许的地层变形限值、基坑支护工程总造价要求、质量要求、设计深度要求、设计图纸提交时间及份数等。基坑支护设计工作需在合同约定时间内完成并通过发包人或监理批准，并确保通过相关部门的设计图纸审查。

8.5.3 钢结构工程

针对企业总部项目，钢结构工程的施工质量直接关乎项目的整体安全性，设计管理部参与钢结构分包商的考察，重在钢结构深化设计能力、图纸及技术资料规范程度。施工单位的考察虽然是以工程管理部为主，但仍需在技术评委内设置一名结构设计师，其关注点及客观的技术评分对施工单位的选择、整体施工质量具有一定的影响。

8.5.4 楼宇智能化

企业总部建筑具有地下停车库、商业、办公、酒店等多种业态，结合给水排水、暖通、电气专业设计图纸，按照稳定、实用、安全、节约的设计原则，对各业态智能化子项划分见表8-4。

智能化系统子项划分 表 8-4

集中组网统一管理运营子项	通信接入系统、室内移动信号覆盖系统、无线对讲系统、停车场管理系统。此类子项设计建筑整体组建一个网络系统，由控制中心统一管理相关设备
集中组网独立管理运营子项	智能化设备专用网络（设备网）及其布线系统、安全防范系统、建筑设备监控系统、建筑能耗管理系统、背景音乐系统、信息查询及发布系统、一卡通管理系统。此类子项设计建筑整体组建一个网络系统，由各业态分控站分别管理相关设备
独立组网独立管理运营子项	信息网络系统、综合布线系统、有线电视及卫星电视系统、客流统计系统、智能家居系统。此类子项设计各业态单独组网，分别管理相关设备

中建西南总部大楼设置建筑设备监控系统、通信网络自动化系统及办公自动化系统。

建筑设备监控系统（BAS）对大楼机电设备进行监控及实施节能控制。

通信网络自动化系统（CA）：语音和数据传输采用综合布线系统；垂直干线采用光缆及大对数电缆，水平布线采用六类双绞线，局部采用光纤到桌面。

办公自动化系统（OA）：自用办公和出租办公分别设置计算机网络系统，采用核心层、汇接层、接入层三层（或二层）结构；公共区域设置 WLAN 无线宽带。

8.6 设计变更

近年来，我国建设工程项目管理水平不断提高，施工阶段设计变更数量逐渐减少。变更金额基本控制在项目决算账户的 5%以内。但由于施工周期长，影响因素多，工程建设涉及勘察、设计、采购、施工等诸多环节，设计变更不可避免。预先分析施工阶段可能发生设计变更的原因，并采取有效的措施进行预先控制，直接关系到工程项目质量、进度、成本三大目标的控制成效，工程施工过程中往往会发生设计变更、进度加快、标准提高、施工条件、材料价格等变化，从而影响工期和造价。在大幅度降价、低价中标后，一些建筑企业往往采取一些不恰当的措施来提高签证表填写的有效性，使签证结果能够合理地确定，并通过改变设计来增加工程或提高价格，确保利润，该措施导致项目成本不受控制，同时导致项目品质降低。所以，通过施工过程中设计变更的控制有力促进设计管理工作，也是控制工程造价的有效手段。

8.6.1 设计变更的原因分析

项目建设的施工阶段是将设计图纸转化为工程实体的阶段，也是设计变更最多的阶段。与初步设计阶段技术方案调整和结构形式的主要设计不同，施工阶段的设计变更主要是总体设计变更。设计变更的原因涉及设计、环境条件的变化以及工程项目管理要求的变化。原则上分为设计原因和非设计原因。施工阶段设计变更的具体原因如下：

（1）现场地质条件与勘察技术文件不符，或者地下障碍物未调查识别的；

（2）设计单位未按调查技术文件严格设计；

（3）各专业的"三级审核签字制度"设计未实施，各专业设计缺乏协调，导致各专业设计矛盾；

（4）由于设计时间短或设计投入不足，设计内容和深度不足，实际"侧面施工设计"，导致设计变更大量；

（5）设计降低标准，未按国家强制性标准严格执行；

（6）由材料制造或采购困难等引起的材料替代，导致结构和尺寸变化；

（7）从生产过程，使用方面提出的功能要求，便于操作和安全生产的设计得到合理优化；

（8）设计和施工不符合规定。如设计标准过高，目前的施工技术难以实现；

（9）环境条件发生变化，原设计工艺参数需要调整，例如，在极端寒冷的天气条件下，经常采取措施改善混凝土强度等级；

（10）重大施工错误，如返工，将导致工期的重大延误和重大经济损失，设计调整和修改将对其造成重大影响。

8.6.2 设计变更流程制度

工程变更是指合同文件任意一方面的改变，其中涉及最多的是施工条件变更和设计变更。要做好设计变更需要注意如下问题，见表8-5。

设计变更重点工作　　　　　　　　　　　　　　表 8-5

建立变更审批制度	要建立严格的工程变更审批制度,切实把投资控制在合理的范围内,对设计变更的提出、批准、形成变更文件、变更实施、文件存放归档等一系列流程进行规范化和程序化管理,并写入合同文件,约束各相关方,尽可能杜绝变更内容和原因不明或"锦上添花"式的盲目变更

设计审核	对设计修改与变更,应通过设计单位研究审核,成本部门必须进行设计变更工程量及造价增减分析,提供给设计管理部门。分析评估设计变更的风险,加大设计变更的审查力度,将设计变更的风险降到可控或可接受的水平。如果设计变更风险难以评估和控制,应坚持拒绝变更的实施,对设计变更重新优化调整
按照合同管理变更	在一般的建设工程施工承包合同中,都包含工程变更的条款,可按照对应条款管理和处理变更
制定设计变更考核制度	客观分析发生设计变更的原因和责任单位,加大考核力度,奖惩到位。一方面加强设计人员的责任心,提高设计质量,尽可能避免设计漏项或错误、设计与现场实际不符等低级设计变更;另一方面加强项目管理、施工等单位参建人员的责任心,尽可能避免原设计图纸实施后再发生设计变更,更应避免因施工错误或不规范导致的设计变更

中建西南总部大楼设计变更会签单见表 8-6。

设计变更审批会签单 表 8-6

日期:　　　　　　　　　　　　　　　　编号:

项目名称			设计单位	
主办部门		主办人	修改通知单编号	
变更提出方	□1. 我方　　　　□2. 设计单位　　　□3. 施工单位			
变更原因	1. 设计类	□A. 设计错误 □B. 超成本目标 □C. 设计优化 □D. 补充及二次设计 □E. 现场条件原因 □F. 其他:		
	2. 现场施工类	□A. 施工错误 □B. 施工进度要求 □C. 施工困难 □D. 其他:		
	3. 营销类	□A. 客户要求 □B. 策划补充修改 □C. 其他:		
	4. 其他	□A. 领导要求 □B. 政府要求 □C. 其他:		
设计变更内容简述 (变更单附后)				
合约商务部意见			签名:　　　　　日期:	
工程管理部意见				
营销策划部意见				
项目负责人意见				
审批 批准人:				

本 章 小 结

规划设计流程主要包括设计任务书编制、方案设计、方案评审、初步设计、施工图设计、专项设计以及后期的设计变更等步骤。设计任务书应包括设计过程中针对设计调整所提出的要求，甚至合同当中的一些要求。方案设计阶段要选择高水平设计方，运用市场竞争机制，组织专家对方案进行评选。设计评审时要关注平面使用效率、电梯设计以及消防设计。初步设计主要关注结构选型、空调系统、供电安全性及稳定性。中建西南总部大楼引入"绿色建筑、数字建筑"的概念，平面设计采用核心筒后置，主楼结构选型采用现浇钢筋混凝土框架＋剪力墙筒体结构体系，空调系统采用多联机空调系统，并设置建筑设备监控系统、通信网络自动化系统及办公自动化系统。

9

报 批 报 建

报批报建工作的顺利开展对推进项目进程具有重要意义。报批报建工作主要指办理房地产开发过程中的五证：土地证（国土局）、建设用地规划许可证（规划局）、建设工程规划许可证（规划局）、施工许可证（建委）、预售证（房管局）。本章详细介绍中建西南总部大楼报批报建的具体流程，包括各种手续的资料准备工作、办理时间、具体部门职责等（图 9-1）。

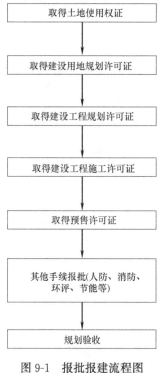

图 9-1　报批报建流程图

9.1　土地使用权证

9.1.1　土地出让合同

公司报建部门备齐所需资料后，向市国土规划局土地利用处申请签订土地出让合同，土地利用处于 5 个工作日内完成审核报批及合同签订工作。

由公司投资部提供成交确认书原件，由公司办公室提供企业营业执照和组织机构代码证等相关资料。签订合同前需要公司商务管理部及合约法务部审查合同条款。

一般正常情况下需要 5 个工作日；若不符合规定，公司前期开发部做出相应整改并重新报送后，审核时间重新计算，仍为 5 个工作日。

9.1.2 国有土地使用证

公司前期开发部备齐所需资料后，向市国土规划局用地规划处申请办理国有土地使用证，审批处室收到申请后，在 10 个工作日内完成初审并提交有关会议研究。土地权属明确，资料核对无误，通过上会审批、领导会签之后，即可完成国有土地使用证报批工作。

需要公司办公室提供申请单位的营业执照、组织机构代码复印件、法人代表身份证明书、委托书原件等，复印件；公司财务部提供土地出让金及相关税费缴纳或减免凭证（复印件）。

一般正常情况下需要 10 个工作日取得相关成果文件，若资料不齐全或者出现问题，公司前期开发部做出相应整改并重新报送后，审核时间重新计算，仍为 10 个工作日。

9.2 建设用地规划许可证

公司前期开发部备齐所需资料后，向市国土规划局用地规划处申请办理建设用地规划许可，审批处室收到申请后，在 9 个工作日内完成初审并提交有关会议研究。在会议同意申请意见、领导会签完毕后，完成建设用地规划许可报批工作。

需要公司办公室提供企业法人工商执照、组织机构代码证和法定代表人身份证明（委托他人申报手续的还应提供由法定代表人出具的委托书和被委托人身份证明）（复印件）。

一般正常情况下需要 9 个工作日取得相关成果文件，若资料不齐全或者出现问题，公司前期开发部做出相应整改并重新报送后，审核时间重新计算，仍为 9 个工作日。

9.3 建设工程规划许可证

9.3.1 方案批准意见书

公司前期开发部备齐所需资料后，向市国土规划局建筑与城市设计处提交规划方案预审申请，审批处室收到申请后，在 10 个工作日内完成初审并提出修改意见，反复修改定稿之后，通过上会审批、领导会签之后，即可完成方案报批工作。

需要公司规划设计部提供方案总平图及负责与设计院联系改图事宜等，配合公司前期开发部对规划局审核人员解释图纸专业性问题。

一般正常情况下需要 10 个工作日取得相关成果文件；若资料不齐或者出现问题，公司前期开发部做出相应整改并重新报送后，审核时间重新计算，仍为 10 个工作日。

9.3.2 数据校核

公司前期开发部备齐所需资料后，向市国土规划局信息中心申请办理方案面积指标校核事宜，审批处室收到申请后，在 5 个工作日内完成初审并提出修改意见，反复修改定稿之后，通过上会审批、领导会签之后，即可完成指标校核工作。

需要公司规划设计部配合提供符合电子报建技术标准的报建方案 dwg 格式的总平面图、建筑单体各层平面图、立面图、剖面图和 jpg 格式的彩色总平面、日景效果图等的电子文件。

一般正常情况下需要 5 个工作日取得相关成果文件；若资料不齐或者出现问题，公司前期开发部做出相应整改并重新报送后，审核时间重新计算，仍为 5 个工作日。

9.3.3　核位红线图

公司前期开发部备齐所需资料后，向市测绘院红线办窗口申请办理核位红线图事宜，审批处室收到申请后，在 10 个工作日内完成初审并提出修改意见，反复修改定稿之后，通过上会审批、领导会签之后，即可发放核位红线图。

需要公司规划设计部配合提供总平面及全套单体建设平面（纸图和电子版，格式为 T3，2004 版以下 dwg 文件）；

一般正常情况下需要 10 个工作日取得相关成果文件；若资料不齐或者出现问题，公司前期开发部做出相应整改并重新报送后，审核时间重新计算，仍为 10 个工作日。

9.3.4　红线定位册

公司前期开发部备齐所需资料后，向市测绘院红线办窗口申请办理红线定位册事宜。审批处室收到申请后，在 10 个工作日内完成初审并提出修改意见。反复修改定稿之后，通过上会审批、领导会签之后，即可发放红线定位册。当建筑物施工至正负零，应组织申请红线验线。公司前期开发部向市测绘院红线办窗口申请红线验线，红线办予以受理登记并选定时间安排相关人员进行实地验线。验线人现场察看后，填写《建设工程红线验线情况反馈单》，并在红线定位册副本上签署姓名及验线时间。若验线时间与红线定位图（册）上签发反馈意见不符，及时持反馈信息至规划行政主管部门征询处理意见，然后根据处理意见办理下一步手续；若验线合格，则检审签章，完成红线验线手续。

需要公司规划设计部提供建筑总平面图或建筑施工图。若要进行红线验线工作，现场勘察需要项目公司配合指明位置等工作。

一般正常情况下需要 10 个工作日取得相关成果文件；若资料不齐或者出现问题，公司前期开发部做出相应整改并重新报送后，审核时间重新计算，仍为 10 个工作日。

9.3.5　建设工程规划许可证

规划设计方案经公示无异议、坐标放线无异议，且取得相关协审部门书面意见后，可以向项目所在地国土规划局窗口咨询建设工程规划许可的办理流程及资料清单。

公司前期开发部备齐所需资料后，向市国土规划局窗口申请办理建设工程规划许可证。审批处室收到申请后，在 5 个工作日内完成初审并提出修改意见，反复修改定稿之后，通过上会审批、领导会签之后，并经过方案公示（10 个工作日），即可取得建设工程规划许可。

在缴纳人防异地建设费、固体垃圾费、城市基础设施配套费时，需要公司财务部配合。

　　一般正常情况下需要 5 个工作日取得相关成果文件；若资料不齐或者出现问题，公司前期开发部做出相应整改并重新报送后，审核时间重新计算，仍为 5 个工作日。

9.4　建设工程施工许可证

9.4.1　工程报建

　　项目公司备齐所需资料后，向市民之家城建委窗口递交申请和资料即可。

　　项目公司主办，归口于公司前期开发部。

　　一般正常情况下需要 1 个工作日。

9.4.2　施工图审查

　　公司规划设计部备齐所需资料后，向图审公司递交资料。图审公司受理资料后，发放施工图设计文件审查受理通知书，参见施工图设计文件审查受理通知书。在资料齐全且图纸符合规范的情况下，图审公司于 15 个工作日可完成审查工作，若资料不齐全，可先将施工图进行预审。

　　需要项目公司提供工程报建号，公司规划设计部主办，归口于公司前期开发部。

　　一般正常情况下需要 15 个工作日取得相关成果文件；若资料不齐或者出现问题，公司规划设计部做出相应整改并重新报送后审核时间重新计算，仍为 15 个工作日。

9.4.3　建设工程质量监督注册登记表

　　项目公司备齐所需资料后，向市质监站递交资料及登记注册申请。资料审核无误后，发放证件。项目公司主办，归口于公司前期开发部。

　　一般正常情况下需要 6 个工作日取得相关成果文件；若资料不齐或者出现问题，项目公司做出相应整改并重新报送后，审核时间重新计算，仍为 6 个工作日。

9.4.4　施工许可证

　　项目公司备齐所需资料后，向市城建委递交资料及申请，相关资料验证无误后发放证件。需要公司财务及时提供银行资金证明，项目公司主办，归口于公司前期开发部。

　　一般正常情况下需要 2 个工作日取得相关成果文件；若资料不齐或者出现问题，项目公司做出相应整改并重新报送后，审核时间重新计算，仍为 2 个工作日。

9.5　预售许可证

9.5.1　房屋面积预测量

　　公司前期开发部备齐所需资料后，向项目所在地市、区测量大队窗口递交申请及资料，项目所在地市、区测量大队根据经规划审批并盖章的项目施工蓝图开展相应的面积预测量工作。需公司规划设计部提供施工蓝图，供测量大队面积预测量使用。

根据测量项目面积大小、难易程度，5～20个工作日可完成制图工作。

9.5.2 项目分丘测量（预测）

公司前期开发部备齐所需资料后，向项目所在地市测绘中心窗口递交申请及资料，项目所在地市测绘中心安排分丘测绘人员到项目现场进行分丘测量。现场测量工作完成后，分丘测量人员即开展后续的制图、出图工作。测绘人员到项目现场进行测量时，需项目公司给予协助及配合。

分丘测绘人员到项目现场进行分丘测量的时间一般为1个工作日，现场测量完成后，后续制图、出图一般为7个工作日。

9.5.3 房屋基础信息（测绘成果）管理（预测）

公司前期开发部备齐所需资料后，向项目所在地住房保障和房屋管理局测管办窗口递交申请及资料。收到申请后，测管办工作人员首先对项目测绘成果及项目经规划审批并盖章的施工蓝图进行初审；项目测绘成果初审工作完成后，测管办工作人员把通过初审的相关数据进行录入并上报；房屋信息数据录入后，测管办建盘小组的工作人员对上报的电子数据进行审核。需要公司规划设计部提供项目施工蓝图并盖规划图审章，公司办公室提供项目公司营业执照、组织机构代码证等项目公司证照等资料。

测管办工作人员对项目测绘成果及项目经规划审批并盖章的施工蓝图初审时间一般为7个工作日（初审过程中如发现问题则时间相应顺延）；初审后，测管办工作人员录入并上报初审数据，时间一般为1～2个工作日；数据录入后，测管办建盘小组的工作人员对上报的电子数据进行审核，时间一般为3～5个工作日。

9.5.4 预售方案及价格备案

公司前期开发部备齐所需资料后（包括网上申请资料），向项目所在地市住房保障和房屋管理局房产开发与市场监管处窗口递交申请及资料。收到申请后，房产开发与市场监管处工作人员即开始对项目的预售方案及价格表进行初审；初审通过后，工作人员将申请资料报上级领导审批。需要公司营销策划部提供项目商品房预售方案及可售房源价格表以供审核。

预售方案及价格备案申请提交后，初审一般为3～5个工作日，如项目价格要求或预售方案未达到审批部门要求，做出相应整改并重新报送后，审核时间重新计算，仍为3～5个工作日；初审通过后，上级领导审批时间一般为2～3个工作日。

9.5.5 预售申请

公司前期开发部备齐所需资料后（包括网上申请资料），向项目所在地市民之家行政审批中心窗口递交申请及资料。收到申请后工作人员对申请资料进行初审；资料初审后，工作人员前往项目现场核实项目施工进度。如核实无问题，则预售申请报上一级房管局领导审批。需要公司办公室提供项目公司营业执照，资质证书等资料；公司财务部提供土地使用权出让金金额缴纳收据及办理项目预售资金监管协议等；公司营销策划部提供项目前期物业合同；项目公司提供项目工程款支付情况表并配合审批人员核查项目施工进度。

行政审批中心工作人员一般用时 3～5 个工作日完成对项目预售申请的初审，若项目申请资料不齐全或不符合要求，做出相应整改并重新报送后，审核时间重新计算，仍为 3～5 个工作日；初审完成后，工作人员核实项目现场进度一般为 0.5～1 个工作日，如项目施工进度未达到规定要求，则需等施工进度满足要求后再邀请工作人员查看项目现场施工进度；项目现场施工进度核实完毕后，上级领导审批时间一般为 2～3 个工作日。

9.6 其他手续报批

9.6.1 人防设计审批

项目公司备齐所需资料后，向市人防办（市民之家窗口）递交资料。在资料齐全且图纸符合相关规范的情况下，市人防办审查项目人防地下室面积是否满足配建要求。若满足标准，发放《人防意见单》；若不满足，需缴纳人防异地建设费（缴费标准以发改委文件为准）后再发放《人防意见单》。需要公司规划设计部提供图纸并全程参与人防图纸审查并提供技术支持。项目公司主办，归口于公司前期开发部。

一般正常情况下需要 15 个工作日取得相关成果文件；若资料不齐或者出现问题，项目公司做出相应整改并重新报送后，审核时间重新计算，仍为 15 个工作日。

9.6.2 建设工程消防审批

项目公司备齐所需资料后，向公安消防局（市民之家窗口）递交资料，在资料齐全且图纸符合相关规范的情况下，市公安消防局审查项目消防车道、登高面、耐火等级等是否满足消防要求。若满足要求，发放《消防审查意见书》；若不满足，需修改图纸满足要求后再发放《消防审查意见书》。需要公司规划设计部提供图纸并全程参与消防图纸审查并提供技术支持。项目公司主办，归口于公司前期开发部。

一般正常情况下需要 15 个工作日取得相关成果文件；若资料不齐或者出现问题，项目公司做出相应整改并重新报送后，审核时间重新计算，仍为 15 个工作日。

9.6.3 环境影响评估

公司邀请有意向且具备相应工程咨询资质的机构前来投标，由公司前期开发部与商务管理部一同参与议标，通过议标选定（议标标准参见商务合约分册相关招投标部分）一家机构编制环境影响评估报告（表），并配合公司前期开发部参与环境影响评估相关事宜（其中编制报告需要 30 个工作日）。

公司前期开发部备齐所需资料，且上述选定机构编制完成环境影响评估报告（表）之后，配合公司前期开发部与市环保局及环保局委托评估公司进行沟通联系，并取得评审意见。需公司商务管理部配合议标工作来选定委托机构，需要公司规划设计部提供总平面相关指标等资料。

一般正常情况下需要 10 个工作日；若不符合规定，公司前期开发部做出相应整改并重新报送后，审核时间重新计算，仍为 10 个工作日。

9.6.4 节能评估与立项

公司邀请有意向且具备相应工程咨询资质的机构前来投标，由公司前期开发部与公司商务管理部一同参与议标，通过议标选定一家机构编制节能评估报告和项目申请报告，并配合公司前期开发部参与节能评估和立项申报相关事宜（其中编制报告需要 15 个工作日）。

公司前期开发部备齐所需资料且上述选定机构编制完成节能评估报告和项目申请报告之后，配合公司前期开发部与项目所在地区发改委进行沟通联系，并取得评审意见。需要公司商务管理部配合议标工作来选定委托机构，需要公司规划设计部提供总平面相关指标等资料。

一般正常情况下需要 15 个工作日；若不符合规定，公司前期开发部做出相应整改并重新报送后，审核时间重新计算，仍为 15 个工作日。

9.7 规 划 验 收

现场验收时，需提供一套经核准的规划方案图原件供核对。

公司前期开发部备齐所需资料后，向市国土规划局窗口申请办理规划验收手续。政策法规处受理后检查资料准确无误，组织审批处室、执法支队组织现场核查，审批处室于 5 个工作日内出具规划条件核实意见，执法支队于 5 个工作日内提出监督检查意见。对不符合规划验收条件的项目，建筑与城市设计处或交通市政处于 5 个工作日内转执法支队进行查处。对符合规划验收条件的项目，政策法规处于 4 个工作日内完成审核和报批工作，并将审批档案及制件资料一并转交窗口，颁发建设工程规划验收证书。现场核查需要项目公司配合，就项目建成后的情况与规划图纸批复情况进行核对。

一般正常情况下需要 20 个工作日取得相关成果文件；若资料不齐或者现场核查出现问题，公司前期开发部做出相应整改并重新报送后，审核时间重新计算，仍为 20 个工作日。

各阶段所需资料见表 9-1。

报批报建资料清单 表 9-1

土地使用权证	办理土地出让合同	(1)《建设项目用地申请表》(原件)； (2)土地权原资料(国有土地成交确认书等，复印件)； (3)《规划设计条件》(或者《建设用地规划许可证》)等； (4)企业法人工商执照或组织机构代码证、法定代表人身份证明(委托他人申报手续的还应提供由法定代表人出具的委托书和被委托人身份证明)(复印件) (5)宗地图 6 份(含城镇地籍测量资料 1 套)
	办理国有土地使用权证	(1)土地登记申请书(原件)； (2)申请人身份证明材料(包括申请单位的营业执照、机构代码复印件、法人代表身份证明书、委托书原件等，复印件)； (3)土地使用权取得文件(《国有建设用地使用权出让合同》原件)； (4)土地出让金及相关税费缴纳或减免凭证(复印件)； (5)地籍调查成果资料及测绘图件(包括地籍调查表、宗地图、宗地界址坐标册等原件)； (6)有地上附着物的，提供其权属证明(如《房屋所有权证》，复印件)； (7)法律规定的其他材料

建设用地规划许可证	办理建设用地规划许可证	(1)建设单位建设用地规划许可申请表和申请报告(原件);参见建设用地规划许可申请表; (2)投资主管部门项目核准或备案文件(原件); (3)《国有土地使用权成交确认书》或《国有建设用地使用权出让合同》(复印件); (4)企业法人工商执照或组织机构代码证和法定代表人身份证明(委托他人申报手续的还应提供由法定代表人出具的委托书和被委托人身份证明)(复印件); (5)标注项目申请用地范围的1/2000地形图(电子文件)
建设工程规划许可	办理方案批准意见书	(1)建设工程规划(建筑)设计方案审批申请表(原件);参见方案审批申请表; (2)1:500地形图含规划控制"五线"资料(电子文件); (3)基于1:500地形图绘制的总平面图及建筑单体平、立、剖面图(电子文件)及纸质蓝图(2套); (4)按照审批要求追加及补充资料。如数字三维地图、效果图、交通评估等资料,规划方案审定后需要进行面积指标校核(原件); (5)相应深度的全套(建筑部分)蓝图(原件); (6)《建设用地规划许可证》(复印件); (7)技术阶段审查(局方案会、市规委会、综合业务例会等)会议纪要(复印件); (8)面积指标校核报告及A3图纸(原件); (9)相关专业协审意见(原件)
	办理数据校核	(1)规划设计条件复印件; (2)标注道路红线及其他市政控制线的1:500项目用地范围图电子文件; (3)按照电子报建技术标准绘制的报建方案dwg格式的总平面图、建筑单体各层平面图、立面图、剖面图和jpg格式的彩色总平面、日景效果图等的电子文件; (4)其他证明材料
	办理核位红线图	(1)建筑红线审批申请表;参见建筑红线审批申请表; (2)1:500地形图纸图和电子版; (3)道路红线资料复印件和电子版; (4)总平面及全套单体建设平面(纸图和电子版,格式为T3,2004版以下dwg文件); (5)土地证及宗地图复印件(附地籍成果资料复印件); (6)规划审批总平面方案图复印件; (7)面积校核报告复印件
	办理红线定位册	(1)建筑红线放线审批申请表;参见放线审批申请表; (2)建筑红线:审批手续齐全的核位红线图、建筑施工图,以及建筑红线放线通知单(分局审批项目); (3)建筑试放红线:红线图、建筑总平面图或建筑施工图、试放红线通知单; (4)若所放红线与规划道路或其他预留规划控制范围相关,建设单位还须到市规划院提取道路坐标及其他相关数据
	办理建筑工程规划许可证	(1)建设工程规划许可审批申请表;参见建筑工程规划许可审批申请表; (2)红线定位册(原件); (3)人防异地建设费、固体垃圾费手续办理回执、城市基础设施配套费收据(原件); (4)相关协审部门正式审查意见书面回执(原件); (5)批前公示反馈意见(无异议)(原件); (6)土地权属证明相关材料; (7)核位红线图

建设工程施工许可证	办理工程报建	(1)项目报建表;参见建设工程项目报建表; (2)设工程项目批准文件或民营企业董事会决议; (3)设项目用地的有效证明文件
	办理施工图审查	(1)规划部门核发的建设工程规划许可证及附图(建筑核位红线图)原件、复印件各1份; (2)审查合格的工程勘察文件1份; (3)工程勘察文件审查合格书原件、复印件各1份; (4)签章齐全的施工图设计文件4套; (5)签字盖章齐全的各类计算书各1份(利用软件程序计算的,需提供软件名称、版本、输入数据资料和输出结果1份); (6)施工图设计文件电子文档光盘1份; (7)民用建筑节能备案登记表; (8)市城建委建设工程报建窗口发放的《建设工程项目报建表》
	办理建设工程质量监督注册登记表	(1)提供建设、监理和施工单位项目质量管理组织机构和负责人名单; (2)提供建设、监理和施工单位的质量保证措施; (3)建筑工程质量监督注册登记表; (4)基坑专家论证意见; (5)施工总包合同及监理合同复印件; (6)建设工程施工项目办证联系单
	办理施工许可证	(1)建筑工程施工许可申报表;参见施工许可证申请表(表一:建设工程简要说明)、(表二:建设单位提供的文件或材料情况表); (2)公司法人代表证明及授权委托书; (3)工程项目立项批文; (4)建设用地规划许可证; (5)建设工程规划许可证; (6)银行资金保函或证明; (7)施工图设计文件审查合格书; (8)中标通知书; (9)投标情况书面报告; (10)消防技术审查意见书; (11)建设工程项目档案报送承诺书; (12)"一费制"收费认定表(现场填写签字); (13)建设工程施工项目办证联系单
预售申请	办理房屋面积预测量	(1)项目经规划审批并盖章的施工蓝图及电子版; (2)工程规划许可证; (3)项目总平图; (4)土地使用证; (5)营业执照; (6)项目地址所在地派出所证明; (7)地下人防工程战时、平时平面图; (8)经规划审批的物业服务用房图纸; (9)工程项目说明(含产权人名称、项目名称、行政街道、项目地址等一些项目概况信息); (10)分割销售方案

	办理项目 分丘测量	(1)项目房产分层平面图及电子版; (2)土地证及附图; (3)项目土地范围界址点坐标; (4)项目总平图及电子版; (5)核位红线图或红线定位图
	办理房屋基础 信息(测绘成 果)管理	(1)房屋测绘成果(预测);参见房屋基础信息(测绘成果)采集申报表(预实测); (2)项目经规划审批并盖章的施工蓝图(建筑施工图)及电子版; (3)工程规划许可证; (4)项目总平图; (5)土地使用证; (6)营业执照; (7)房地产开发企业资质证书; (8)项目地址所在地派出所证明; (9)人防办结合民用建筑修建防空地下室联系单; (10)分割销售方案; (11)测绘合同
预售申请	办理预售方案 及价格备案	(1)商品房预售方案(内容包括项目基本情况、项目建设情况、预售计划、本次预售申请 情况、销售价格、销售方式、纠纷处理员、承诺等八个部分); (2)可售房源价格表;参见可售房源价格表; (3)土地使用证; (4)工程规划许可证及核位红线图; (5)项目总平图; (6)指标校核报告; (7)土地出让合同
	办理预售申请	(1)项目基本情况表;参见项目基本情况表; (2)本次商品房预售申请情况表;参见本次商品房预售申请情况表; (3)工程款支付情况表及楼栋概况表,参见楼栋概况表; (4)项目施工形象进度现场核实表;参见项目施工形象进度现场核实表; (5)项目商品房预售方案; (6)企业法人营业执照; (7)房地产开发企业资质证书; (8)国有土地使用权证及附图; (9)建设工程规划许可证及附图; (10)建设工程施工许可证及附图; (11)建设用地规划许可证及附图; (12)商品房预售资金监管协议; (13)土地出让合同; (14)土地使用权出让金金额缴纳收据; (15)工程施工进度照片; (16)经批准、备案的前期物业服务合同; (17)经规划批准的总平图; (18)施工合同
其他手续 报批	办理人防设计 审批	(1)人防施工图设计审批一次性告知书;参见建设工程人防施工图设计审批一次性告知 书; (2)全套人防工程的施工图设计文件及其电子文档; (3)相关地面建筑的施工图设计文件

其他手续 报批	办理建设工程 消防审批	(1)建设工程消防设计审核申请表;参见建设工程消防审批申请表; (2)消防设计文件(含封面、扉页、设计文件目录、设计说明书、设计图纸); (3)建设工程规划许可证明文件(包括建设工程规划许可证及用地红线); (4)施工图审查机构出具的审查合格证明文件;此项带原件核验; (5)建设单位的工商营业执照等合法身份证明文件及组织机构代码证,设计单位资质证明文件及组织机构代码证,施工图审查机构资质及组织机构代码证; (6)申请报告、委托书; (7)总平面设计消防技术审查意见书
	办理环境影响 评估	(1)符合编制技术规范的《建设项目环境影响报告书》(表)(报批本)(一式3份),仅需填写登记表的项目提交符合填写要求的登记表(一式4份); (2)评估机构出具的技术评估报告(2份)(填写登记表的项目不需要); (3)下级环保部门初审意见(1份)(环境影响较大的新建项目)
	办理节能评估 与立项	(1)项目申请报告(应由具备相应咨询资质的机构编制,主要内容按照国家发改委发布的《项目申请报告通用文本》); (2)依法必须招标项目的招标内容; (3)城市规划行政主管部门出具的城市规划选址意见; (4)国土资源行政主管部门出具的项目用地预审意见; (5)环境保护行政主管部门出具的环境影响评价审批意见; (6)市属国有企业及国有控股企业有行政主管部门的,应附有行政主管部门的意见; (7)固定资产投资项目节能评估审查意见; (8)资信证明(金融机构出具); (9)根据有关法律法规应提交的其他文件
规划验收	办理规划验收	(1)《建设工程规划验收申请表》(原件);参见建设工程规划验收申请表; (2)竣工测量成果(原件); (3)经红线放线、灰线检测及红线验线合格后的建设工程红线定位图册(复印件); (4)企业法人工商执照或组织机构代码证(复印件);法人代表身份证明(原件,委托他人申报手续的还应提供由法定代表人出具的委托书和受委托人身份证明); (5)《国有土地使用权证》等其他相关材料(复印件)

中建西南总部大楼在报批报建过程中产生的费用见表9-2。

中建西南总部大楼报批报建费用一览表   表9-2

序号	收费项目	收费标准	备 注
土地及规划报建费用			
1	环境影响评估报告书	0.5~0.8元/m²	按建筑面积(第三方咨询机构)
2	节能评估	0.5~0.8元/m²	按建筑面积(第三方咨询机构)
3	立项核准	0.5~0.8元/m²	按建筑面积(第三方咨询机构)
4	水土保持方案	0.3~0.8元/m²	按建筑面积(第三方咨询机构)
5	地质灾害评估	0.5~0.8元/m²	按建筑面积(第三方咨询机构)
6	数据校核	0.8元/m²	按建筑面积(规划局信息中心)
7	三维动画模型	0.9元/m²	按建筑面积(规划局信息中心)
8	交通评估	1元/m²	按建筑面积(交通规划设计院)
9	水土保持费	3.5元/m²	按建筑面积(水务局)

序号	收费项目	收费标准	备 注
10	契税	按土地出让金的4%	按土地出让金的4%(税务局)
11	印花税	按土地出让金的5‰	按土地出让金的5‰(税务局)
12	地籍调查	0.5~5万元/宗	包括测量、出图、土地登记等(勘测院)
13	红线定位	3384元/栋	按建筑物栋数(勘测院)
14	基础设施配套费	220元/m²	按建筑面积(含地下室)(规划局)
施工报建费用			
1	施工图、抗震审查	500万元以下0.132%,500万~2000万元0.1%,2000万元~5000万元0.078%,5000万元以上0.056%	以工程概预算为基数,分档累进计取
2	墙体材料专项用费	按建筑面积,8元/m²	市墙改办
3	白蚁防治费	按建筑面积,1.5元/m²	市房产局(白蚁防治办)
4	人防易地建设费	按应配建面,60元/m²	市人防办
5	抗震审查	80万元/栋(超高层)	按栋数计算
6	招标代理服务费	按建安造价,0.8‰	招标代理公司
房产报建费用			
1	面积预、实测量费	按建筑面积2.6元/m²	测绘公司(分两部分报告)
2	房屋维修资金	开发商缴纳部分:高层30元/m²,小高层25元/m²,多层12元/m²	成都住房专项维修资金管理中心住宅专项维修资金
3	初始登记费	住房登记收费标准为每件80元;非住房房屋登记收费标准每件550元	区住房保障和房屋管理局
4	交易手续费	住宅3元/m²,商服11元/m²	区住房保障和房屋管理局

本 章 小 结

报批报建手续主要包括土地使用权证办理、建设用地规划许可证办理、建设工程规划许可办理、建筑工程规划许可证办理、建筑工程施工许可证办理、预售许可证办理等,需要各职能部门提前准备办理手续所需要的资料,计算好手续审批的时间,避免报批报建工作进展缓慢导致后续工作延迟。中建西南总部大楼开发项目建筑方案取得中建股份批复同意后,及时取得规划国土部门的预审意见,在方案完善后,立即取得建设用地规划许可证、土地使用权证及施工许可证。

10

成本控制

成本控制是贯穿于项目开发建设及后期运营全过程的重点工作，是财务管理的关键部分。成本控制的实施是企业完成成本管理的重要保证，项目是否盈利，关键在于成本控制的水平。本章介绍中建西南总部大楼目标成本管理、造价咨询管理、动态成本管理、成本过程控制、工程结算管理五个方面的工作，重点介绍规划设计阶段、施工阶段的成本控制措施（图 10-1）。

图 10-1　成本控制框架图

10.1　目标成本管理

10.1.1　规划设计阶段

确定项目定位和设计方案后，合约商务、规划设计、营销策划、工程建设等部门应共同研讨，提出合理的限额设计指标（如钢筋、混凝土含量等）以及成本控制建议，合约商务部门负责编制方案阶段建安工程目标成本及建造标准。

规划设计方案经批准后，规划设计部门应在市场定位阶段确定的工程造价控制目标范围内，反复将各种技术方案与关键指标（如钢筋、混凝土含量等）进行比较。对影响成本的因素，如规划方案、技术指标、结构形式、建筑材料、设备选型等内容进行限额设计。

中建大厦在项目方案设计阶段，进行了多轮技术经济比选，主要针对建筑高度、基坑支护、基础筏板选型、柱网尺寸选择、地下室面积等方面进行了优化，大大降低了工程造价（表 10-1）。

中建西南总部大楼方案设计阶段成本控制措施　　　　　　　　　　　　　　　表 10-1

缩小地下室面积	通过交通流线优化，缩小地下室面积 3000 多 m²，但车位基本未减少，节约成本 900 多万元
基坑支护处理	部分采用支护桩＋土钉墙，部分采用放坡处理，节约成本 300 余万元
建筑高度控制	在建筑面积不变的情况下，通过将标准层层高调整为 4.2m，同时优化梁截面尺寸，将建筑高度控制在 150m 内，减少了一层避难层的投入

功能优化	在空调系统设计中,可采取的方案有四管制空调系统 FCU、全空气变风量系统 VAV,VRV 多联机系统;项目前期,组织机电顾问从初投资、运行费用等角度进行分析,同时参考对标项目、客户接受度及对净高的影响等多方面进行论证和方案经济性比较,并结合中建办公特点,后期运营,最终确定采用 VRV 多联机系统,该系统操作灵活方便,运营维护成本低,可以适应不同时段的办公需求

10.1.2 施工图阶段

施工图设计完成后,合约商务部门牵头、规划设计部门参与,依据设计文件及方案阶段确定的建安工程目标成本,细化建安目标成本控制项目,编制《项目建安工程目标成本》,按公司授权体系审批,通过后作为项目实施控制目标。

中建西南总部大楼在施工图设计完成后,依据图纸对目标成本进行了调整,主要对各项指标进行优化,形成了施工阶段的控制指标表。按照项目建安成本总额的 85% 作为项目设计限额,预留 15% 的不可预见费用作为风险控制,并将形成的限额设计目标编入设计任务书中,形成经济指标。在设计开始前,设计单位将项目设计任务书的各项技术经济指标向设计人员进行交底,将目标成本作为工程建造设计成本控制目标,严格执行限额设计,合理控制总投,保证总体投资不超过预算。

10.2 造价咨询管理

项目公司若无专业人员进行成本控制,可通过招标选择一家造价咨询单位进行成本管理,造价咨询单位主要负责协助公司进行项目目标成本制定、施工图预算、项目造价过程控制以及项目结算等。

10.3 动态成本管理

10.3.1 目标成本分解

《项目建安工程目标成本》批准后,合约商务部门按专业进行目标成本分解,与公司各部门签订相应版块的目标成本管理责任书,并负责跟踪项目动态成本。

10.3.2 动态成本更新

(1) 合约商务部门负责项目施工过程中设计变更、现场签证、新增(减)合同价款等合同变更款项的审核工作;负责建立合同价款及签证变更价款统计表,并随时更新。

(2) 合约商务部门负责每月定期将设计变更、现场签证、新增(减)合同价款等合同变更款项进行汇总,填写《建安工程动态成本报表》,按照已定合同金额、已定签证变更金额、签证变更预估金额、已结算金额及预计发生成本对动态成本进行预估,对已经超支和预计超支的成本进行分析说明。

(3) 若预估动态成本超出目标成本或预计超过目标成本,合约商务部门应召集工程建设、规划设计等相关部门，分析动态成本与目标成本差异的具体内容、原因，提出超支成本的消化途径，应吸取的教训和改进措施，并形成专项报告上报公司领导。

（4）若动态成本已经超支或者预计超支，合约商务部门应及时上报《建安工程目标成本变更申请单》，并附上成本超支分析报告，按公司授权体系审批，通过后调整相应建安成本控制目标。

中建西南总部大楼方案设计阶段，与规划设计、营销、工程等部门进行多轮会议沟通，明确项目配置标准，在此基础上，收集多个类似项目的技术经济指标，合理确定中建西南总部大楼的目标成本。施工图设计阶段，及时根据图纸情况，调整目标成本，并经公司总常会审议通过后，对项目各项目标成本进行分解，与各部门签订目标成本管理责任书，下沉成本控制责任。

在中建西南总部大楼实施过程中，由于幕墙方案调整，增加了造价约 2000 万元，但是通过电梯及外电接入的方案优化，节约了成本约 2000 万元，通过动态成本调剂，调整幕墙成本控制指标，依然将总成本控制在总体范围内。

10.4　成本过程控制

10.4.1　招标阶段成本管理

（1）合约商务部门应根据批准的《项目建安工程目标成本》编制《建安工程目标成本控制清单表》。

（2）原则上招标控制价和中标价均不得超过《建安工程目标成本控制清单表》中对应工程的控制总价。

（3）预算管理

合约商务部门依据规划设计部门提供的施工图，《项目建安工程目标成本》明确的产品定位、交房标准、品牌范围、限价要求等条件，组织造价咨询机构编制施工图预算、工程量清单和招标控制价，编制完成后，合约商务部负责对工程量进行复核，审核后的施工图预算、工程量清单及招标控制价作为招标依据。

（4）清标

中标单位确定后，原则上应进行清标。由造价咨询单位与中标单位进行工程量清单核对，合约商务部门负责监督和控制，双方核对完成审核无误后作为签订合同的依据。

中建西南总部大楼在招标过程中，通过组织设计、工程等部门召开策划会，明确各招标项目的产品定位、交房标准、品牌范围、限价要求等内容，有效地控制了造价。并在采购过程中按照《合约商务策划报告》的分判体系，组织对电梯、机电安装、幕墙、室内装修、高压外电、弱电智能化、亮化、园林景观等工程进行招标，由于是中建自持物业，在中建有能力施工的情况下，全部邀请中建旗下施工单位进行投标，并聘请中建西南院造价院出具控制价，通过招标，所有项目均在目标成本范围内，并有一定的结余。

10.4.2　施工阶段成本管理

施工阶段成本管理工作主要包括设计变更成本管理、工程指令成本管理、现场签证成本管理、材料认质认价管理、工程款支付审核管理、成本台账管理，具体内容见表10-2。

施工阶段成本控制内容 表 10-2

设计变更成本管理	1) 合约商务部门根据规划设计部门提出的设计变更会签单内容,进行成本分析和测算,并对设计变更的合理性、经济性提出评审建议。 2) 规划设计部门应组织工程建设、合约商务部门和其他相关部门评审和讨论,确定变更的必要性与可实施性,经评审会签通过后,规划设计部门出具正式的《设计修改通知单》,否则,不得进行设计变更。 3) 合约商务部门应对设计变更测算金额与目标成本控制清单表进行对比分析,在目标成本控制清单范围内,按《设计变更及现场签证、指令管理流程》执行审批程序。 4) 若变更费用或累计设计变更费用超过目标成本控制范围,合约商务部门填写《建安工程目标成本变更申请单》,按公司授权体系进行审核,审核通过后,按照调整后的《项目建安工程目标成本》执行,并相应调整《建安工程目标成本控制清单表》
工程指令成本管理	1) 合约商务部门根据工程建设部门提出的工程指令会签内容,进行成本分析和测算,并对工程指令的合理性、经济性提出评审建议。 2) 工程建设部门应组织规划设计、合约商务部门和其他相关部门评审和讨论,确定此工程指令的必要性与可实施性。若评审结论为同意工程指令时,则工程管理部门签署《工程指令单》。 3) 合约商务部门应对变更测算金额与《建安工程目标成本控制清单表》进行对比分析,在目标成本控制清单范围内,按《设计变更及现场签证、指令管理流程》执行审批程序。 4) 若工程指令涉及金额或累计涉及金额超过目标成本控制范围,合约商务部门填写《建安工程目标成本变更申请单》,按公司授权体系进行审核,通过后,按照调整后的《项目建安工程目标成本》执行,并相应调整《建安工程目标成本控制清单表》
现场签证成本管理	承包单位提出的现场签证,应按《设计变更及现场签证、指令管理流程》相关规定办理审批手续,审批通过后方能作为计量和结算的依据
材料认质认价管理	施工过程中,如有新增材料或材料变更,承包单位应按《材料认质认价管理流程》办理相关审批手续,审批通过后方能作为计量和结算的依据
工程款支付审核管理	1) 承包单位按合同约定时间和要求向项目监理机构提交《工程形象进度报审表》、《工程进度款申请及审核会签表》及相关资料,监理单位应对照合同,对工程质量、进度、工程资料完成情况,提出审核意见,并报工程建设部门审核。 2) 合约商务部门组织造价咨询单位参照合同及工程建设部认可的工程形象进度及工程质量情况,核实应付款金额。 3) 《工程进度款申请及审核会签表》通过公司审批后,合约商务部门填写《项目付款申请表》。 4) 工程竣工结算完成后,承包单位根据签字盖章结算报告、结算协议,向工程建设部门提交《工程尾款申请表》,《工程尾款申请表》审核会签完成后,方能办理工程尾款支付。 5) 工程进度款支付及工程尾款支付按《项目付款管理办法》执行
成本台账管理	合约商务部门负责建立项目成本台账,在项目付款完成后应及时进行更新,并定期按照财务资金部门要求进行核对

中建西南总部大楼在施工阶段合理编制建设节点计划,既保证项目契合新区发展要求,又保证了项目投资收益。项目建设分为三个阶段:

(1) 基坑开挖阶段以稳为主

2015年9月～2016年4月为基坑开挖阶段,由于天府新区尚处于起步期,进度控制以稳为主,以便观望。

(2) 主体施工阶段以快为主

2016年5月～2017年4月为主体施工阶段,天府新区建设发力,为抢滩秦皇寺中央商务区，进度控制以快为主，3 层地下室＋地上 30 层塔楼在短短 10 个月的时间内一气呵成。

（3）装饰装修阶段以细为主

2017 年 5 月～2018 年 9 月为装饰装修阶段，进度控制以细为主，精雕细琢，保证最终呈现效果。

整个建设期的进度管理全部建立在整体开发计划、年度计划、月计划、专项计划及周计划的切实落实和跟进纠偏之上，保证了进度的可控。

10.5　工程结算管理

工程竣工结算，必须在工程验收合格（包括工程竣工资料验收及移交）后办理，对于未完工程或质量不合格工程一律不得办理竣工结算。具体内容见表 10-3。

工程结算管理　　　　　　　　　　　　表 10-3

结算送审资料要求	（1）竣工结算资料提交 承包方提供的竣工结算资料应为已备案完毕的完整资料，结算资料提交后无特殊情况不得补充。承包方应对所提供资料的真实性、完整性及有效性作出书面承诺并对此负责。 （2）竣工结算资料报送套数 竣工结算资料一式三套（其中一套要求提供原件，由建设方存档，其余两套可提供复印件）。 （3）结算书 每项工程的结算书由两部分组成，需分别装订成册。 第一部分是竣工图部分，要求包括施工图、图纸会审记录、设计变更资料、工程洽商记录、工程管理函件或建设方通知等内容，这部分内容包括固定合同价和变更合同价，变更合同价部分按《经济变更申请及确认单》顺序逐项计算，变更合同价子目应按经济变更的编号先后排序； 第二部分由现场签证和其他相关费用组成，现场签证子目应按现场签证的编号先后排序
结算资料报送	（1）工程验收合格后，承包方应及时整理结算资料，并做好送审前的自审。承包方原则上应在工程竣工验收报告经监理单位认可后 28 天内，将完整的竣工结算资料报送总承包方（总承包工程结算除外）进行初审。 （2）总承包方从收到完整的竣工结算资料之日起 5 个工作日内对结算资料的真实性、完整性及有效性完成初审后，移交监理单位复核，监理单位应在 5 个工作日内完成复核，然后移交建设方。 （3）合约商务部门收到全套结算资料后，即启动结算工作，组织造价咨询单位进行审核
结算审核流程	承包方报送结算资料——总承包方、监理、建设方审核结算资料，填制《工程竣工结算审核申请表》——造价咨询单位审核承包方结算书——建设方合约商务部门复审造价咨询单位结算意见
竣工结算审批	（1）合约商务部门对竣工结算书审核无误后，填写《工程竣工结算审批表》，审批完成后，即可签署《工程竣工结算报告》及《工程竣工结算协议书》。 （2）《工程竣工结算报告》经承包方、建设方签字盖章后生效。 （3）《工程竣工结算协议书》经会签审批后，由建设方合约商务部门交承包方签字盖章、返回建设方签字盖章后，方可办理工程尾款支付手续

本 章 小 结

成本控制对于建设项目来说极其关键，该工作涉及从规划阶段到运营阶段的全寿命周期。在项目初期设计阶段，设计人员应对设计方案进行不断的优化；在项目建设阶段，应重点关注动态成本的管理，同时应注意对设计变更、现场签证等关键事项的管理；在工程竣工阶段，应注意结算资料的管理。中建西南总部大楼在项目方案设计阶段，进行了多轮技术经济比选，主要针对建筑高度、基坑支护、基础筏板选型、柱网尺寸选择、地下室面积等方面进行了优化，大大降低了造价。在施工图设计完成后，依据图纸对目标成本进行了调整，将目标成本作为工程建造设计成本控制目标，严格执行限额设计。且中建西南总部大楼整个建设期的进度管理全部建立在整体开发计划、年度计划、月计划、专项计划及周计划的切实落实和跟进纠偏之上，保证了进度的可控。

11

采 购 管 理

采购管理是指对采购业务过程进行组织、实施与控制的管理过程，建设项目中的采购管理涉及采购方式、供方管理、采购计划、招标投标管理、合约法务管理等内容，每一项都对项目整体起着关键作用。本章通过介绍中建西南总部大楼项目采购管理的实施，了解项目建设过程中采购管理的科学操作。

本章具体内容如图 11-1 所示。

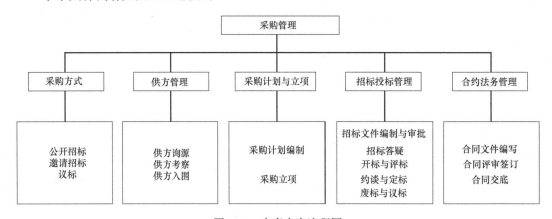

图 11-1　本章内容流程图

11.1　采 购 方 式

采购方式主要包括公开招标、邀请招标、议标等。公司可通过相关要求和授权自行选择适合的招标方式。采购过程应遵循公平公开公正、优质低价中标、过程保密以及资料可追溯的原则。

11.1.1　公开招标

公开招标是指由开发企业（或其委托招标代理机构）通过发布招标公告，邀请不特定的承包企业参加投标竞争，从而择优选择承包人的一种发包方式。

11.1.2　邀请招标

邀请招标是指由开发企业向特定的承包商发出邀请函，邀请他们参加某项工程任务的投标竞争，值得注意的是，被邀请的单位至少在三家以上（含三家）。

11.1.3　议标

若出现"地域性强、技术特点较强、行业或政府垄断、需求紧急"等情况，造成投标单位数量及设计或生产时间不足而无法满足招标要求时，可进行议标。

11.2　供方管理

11.2.1　供方询源

推荐或自荐供方经专业部门负责人审核同意后，由合约商务部门组织对供方企业概况、营业执照、资质证书、注册资金、品牌信誉、进行初步审核，初审通过的，纳入潜在供方范围。

11.2.2　供方考察

由合约商务部门组织，其他相关部门参加，对潜在供方业绩、技术、资金、产能、合作意愿等情况进行考察，考察完毕后出具考察报告，明确被考察单位是否符合入围标准。

11.2.3　供方入围

合约商务部门根据采购立项，确定拟入围投标单位并发出投标邀请。

11.3　采购计划与立项

11.3.1　采购计划编制

在项目开发计划编制完成后一个月内，由合约商务部门统筹制定项目全周期采购计划和年度采购计划。

11.3.2　采购立项

（1）对采购要求不明确、技术要求高的单项采购内容，需组织采购策划会。策划会需明确采购计价方式、标段划分、工作界面、目标成本预算、技术标准、功能需求定位要求、工期、供方选定方式（邀请招标、议标）、选型定样要求、投标保证金和设计保底费、各专业配合计划安排及责任部门等关键控制事项。

（2）各需求部门根据采购计划及策划内容发起采购立项，立项内容需含标段范围、需求时间、推荐单位等信息，采购立项应至少比进场时间提前 30 天。

11.4　招标投标管理

11.4.1　招标文件编制与审批

招标文件内容应遵循公司关于合同条款、管理及合同模式的相关规定。招标文件由合约商务部门牵头组织编制汇总，合约商务部门负责编制经济标、合同条款部分；规划设计部门负责编制产品技术标部分及相关图纸准备；营销策划部门负责编制营销管理类专业部分；工程建设部门负责编制施工技术标部分。

招标文件发出之前，应完成《招标文件审批会签单》签批。除合约商务、财务资金部门外，其他会签部门如下：设计类承供方——规划设计部门；工程物资类承供方——工程建设部门；营销管理类承供方——营销策划部门（表 11-1）。

招标文件审批会签单　　　　　　　　表 11-1

□中建西南总部大楼项目　　　　　　　　　□其他

审批：	审核：

文件名称：

文件类别：□设计咨询□工程物资□营销□商品房销售□报建□其他

采购方式：□邀请招标□便捷式采购□独家议标□直接委托□其他

发起部门：合约商务部

文件拟定人：

会签				送签时间	
	送签时间	会签部门	修改意见	签名	签出日期
会签意见栏		合约商务部	□无;□有,详见文件标注 □有,详见附页说明		
		营销策划部	□无;□有,详见文件标注 □有,详见附页说明		
		工程建设部	□无;□有,详见文件标注 □有,详见附页说明		
		规划设计部	□无;□有,详见文件标注 □有,详见附页说明		
		财务资金部	□无;□有,详见文件标注 □有,详见附页说明		

11.4.2　招标答疑

招标文件发出后，其他部门签发的、与项目分项招标有关的文件，由合约商务部门向投标单位发出；投标单位提出的招标疑问，由合约商务部门组织答疑，并出具书面答疑文件，经相关部门会签后由合约商务部门统一发出。所有发出的文件均须投标单位书面签收。

11.4.3　开标

开标由合约商务部门组织，对口业务部门参加并填写《开标记录表》。

开标记录表 表 11-2

日期： 地点：

项目名称：

投标单位名称	商务标部分		其他说明
	报价(人民币,元,以开标现场最终报价结果为准)		
	一次报价	最终报价	
控制价			
开标情况说明	1. 本次评标小组组长是 ，组员是 。 2. 经评标小组检视， 家单位投标资料均按时送达,密封完好		

记录人： 评标小组组长：

11.4.4 评标

评标采取综合评标法,不排除合理最低价,综合评标分为两部分：

(1) 技术标评比

评标小组按《项目技术标评审表》评审打分,满分为 100 分,低于 60 分的为无效标,不进入约谈环节。当技术标均达不到要求时,修改技术方案或重新组织投标（表 11-3）。

项目技术评审表（工程类） 表 11-3

序号	分项内容	分值	基准分			评分说明	投标单位评分			
			一般	良	优		投标人1	投标人2	投标人3	投标人4
1	拟组建管理团队	10	0～3	4～7	8～10	根据机构设置、专业搭配、关键管理人员数量评分				
2	项目负责人履历	10	0～3	4～7	8～10	根据拟委派项目负责人职称、工作年限、所获荣誉情况评分				
3	近两年类似业绩	15	0～5	6～11	12～15	根据近两年类似项目业规模、合同额及履约情况评分				
4	施工组织方案	15	0～5	6～11	12～15	根据方案的科学性、合理性、可行性评分				
5	工期保证措施	10	0～3	4～7	8～10	根据保证措施的科学性、合理性、可行性评分				

续表

序号	分项内容	分值	基准分			评分说明	投标单位评分			
			一般	良	优		投标人1	投标人2	投标人3	投标人4
6	质量保证措施	10	0～3	4～7	8～10	根据保证措施的科学性、合理性、可行性评分				
7	安全文明保证措施	10	0～3	4～7	8～10	根据保证措施的科学性、合理性、可行性评分				
8	成品保护措施	10	0～3	4～7	8～10	根据保证措施的科学性、合理性、可行性评分				
9	质保期及政府验收承诺	10	0～3	4～7	8～10	响应质保期限、承诺履行质保期义务为良				
总分		100分								

（2）商务标评比

投标报价中接近或低于标底者为商务标中标候选人。若无标底时，评标参考报价取各投标单位有效报价算术平均值或最低价。

根据技术标、商务标权重计算综合评分，投标单位综合评分最高者为第一中标候选人（表11-4、表11-5）。

商务标评审表　　　　　　　　　　　　　　　　　　　　　　　　表11-4

日期：　　　　　　　　　　　　　　　　地点：

项目	投标单位：			
投标单位报价（S_n,元）				
评标价（S_o）				
评分规则	设定评标价为S_o。凡有效投标报价低于或等于S_o者，其商务标得满分，投标报价S_n高于S_o时的商务标得分为$[1-(S_n-S_o)/S_o] \times 100$（保留两位小数点）			
得分				

商务标评审表　　　　　　　　　　　　　　　　　　　　　　　　表11-5

日期：　　　　　　　　　　　　　　　　地点：

序号	计分依据	分值占比	投标单位			
1	技术标部分	％				
2	商务标部分	％				
合计得分						
中标候选人顺序		1				
		2				
		3				
评标委员签字		评标小组组长：　　　　组员：				

11.4.5　约谈

根据投标单位报价结果，评标小组可于开标现场选取 1～3 家候选单位进行约谈并明确最终报价，确定拟中标单位。若招标内容复杂、技术方案无法统一或涉及金额较大的，评标小组可于开标现场仅确定 1～3 家中标候选人后再行约谈确定（表 11-6）。

约谈记录表　　　　　　　　　　　　　　表 11-6

项目名称	
约谈次数	
约谈时间	
约谈地点	
约谈人员	
约谈单位	
约谈内容	
约谈结果	
约谈人员会签	

11.4.6　定标

（1）根据开标或约谈结果确定最终中标候选单位，填写供方选定审批表报公司审批。

（2）供方选定审批表审批完成后，由合约商务部门起草中标通知书并予以发放。

（3）按照公司授权体系由董事会审批的资审、招标、中标单位审批、合同签署、合同付款及结算的事项，项目公司应将承供商选择表、付款、合同三类文件报董事会审批。

中标通知书　　　　　　　　　　　　　　表 11-7

_____公司：

根据××××年××月××日下发的招标文件和你单位于年月日提交的投标文件以及双方的约谈记录和往来文件，现确定你单位为上述招标项目的中标人，主要中标条件如下：

项目名称		建筑面积	
建设地点			
中标价格			
中标条件			
中标范围			
工期	计划进场日期	年　月　日	
	计划竣工日期	年　月　日	
质量等级			
支付方式			
备注	1. 实际进场日期以招标人书面通知为准		
	2. 中标人于收到本通知书 24 小时内向招标人书面回复		

招标人：（盖章）

日期：　年 月 日

11.4.7 废标

在开标过程中，如遇下列情况之一时，经评标小组成员讨论后判定为废标：
（1）投标文件逾期送达或者未送达指定地点的；
（2）投标文件未按招标文件要求密封的；
（3）与其他投标人串通报价的；
（4）向招标人或者向评标小组成员以行贿手段谋取中标的；
（5）当设有拦标价时，投标人报价超过拦标价的。

11.4.8 议标

（1）采取议标形式的，除行业垄断、存在技术壁垒、框架协议合作的，原则上需与3家以上（含3家）的单位议标，入围单位不足3家时须专项审批，议标的入围单位确定、约谈记录、供方选定审批与邀请招标一致。

（2）议标内容应形成书面的议标记录，由合约商务部门统一签发，并要求议标单位给予书面回复。议标单位书面回复中对招标文件和议标问卷未做出响应的或未做出令招标方满意答复的，合约商务部门应在评标报告中做出说明，供定标决策时考虑。

（3）对政府机构主管的专营项目分项和产品或服务无替代性的项目分项，可独家议标。

（4）合约商务部门审核完报价后，组织工程建设、规划设计及营销策划部门与承供方议标。

11.5 合约法务管理

11.5.1 合同文件编写

投标单位接收中标通知书后，合约商务部门负责整理招标文件和有约束力的往来函件，并形成完整的合同文件，根据公司授权体系审批。

11.5.2 合同评审签订

合同文件经过评审后，由合约商务部门负责会签、装订、密封，交给中标承供方签署。承供方交回合同文件后，合约商务部门经办人员应检查合同文件有无改动，若无改动则呈送公司授权体系确定的授权人签署。

11.5.3 合同交底

合同签订后，合同签订部门须向相关部门及造价咨询单位、监理单位进行合同交底，内容包含工程承包范围、包干形式、重要合同条件和该工程特别的合同条件、合同总价、工期、质量、安全生产、文明施工要求以及其他相关注意事项等。在合同结算管理、付款等方面，各部门须严格按公司授权体系审批。

中建四南总部大楼项目在采购过程中，严格按照公司的授权体系及合约策划开展招投标工作，标前组织相关部门开会，明确采购需求，标中明确投标单位答疑，并邀请各专业的专家进行评标，各项招标工作均控制在目标成本之下，既控制了成本，也保证了项目的顺利实施。

本 章 小 结

采购管理是项目正常履约的源头，好的分供方能有效的支持工程建设，也是成本控制的一部分。公司合约商务部门负责项目采购计划编制；牵头组织编制及汇总招标文件；组织发标、答疑、开标、定标与合同签订工作。相关业务部门参与招标文件的编制及答疑、开标、定标与合同签订工作。

12 建 设 管 理

项目建设管理即工程管理，是指按照客观经济规律对工程建设的全过程进行有效的计划、组织、控制和协调的系统管理活动，是项目全过程最重要的阶段之一。通过了解中建西南总部大楼项目建设管理过程，本章将就工程咨询、技术管理、进度管理、质量管理、安全与环保、现场签证以及竣工验收等重点内容进行深入展开。

本章具体内容如图 12-1 所示。

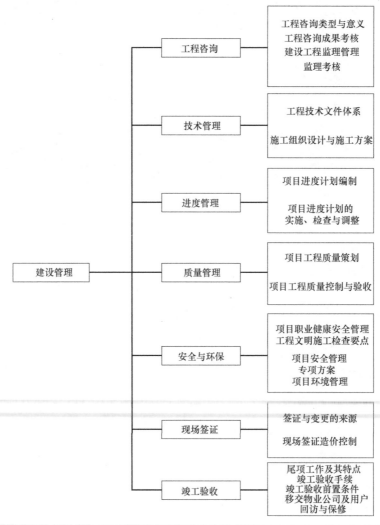

图 12-1 本章内容流程图

12.1　工　程　咨　询

除建设、勘察，设计，监理和施工单位外，建设项目管理还涉及工程咨询单位或机构。根据建设单位的具体情况，主要分为两类工程咨询单位：第一类工程咨询单位为建设过程中按相关法律法规及规定必须介入的第三方单位或机构，例如，编写可行性研究报告的咨询单位，编写环境影响评估报告的环境评估单位等；第二类工程咨询单位为建设单位结合自身实际选择的单位，譬如全过程代为开发管理的专业项目管理公司、负责施工过程中成本控制的工程造价咨询单位，以及提出设计优化计划的咨询单位。从严格意义来说，监理单位也属于第一类工程咨询单位，另外，特殊情况下也存在第二类工程咨询单位转化为第一类工程咨询单位的情况，如某些建设项目按照国家或地方相关规定必须交由第三方代建公司进行建设并发。

本节主要对建设过程中涉及的环境影响评估、节能评估、项目管理、变形监测、面积测量、技术顾问等相关单位进行介绍。项目可行性研究、招投标代理、施工图审查、过程造价控制、设计优化等工程咨询内容在本书其他章节有所介绍，本节不再阐述。

12.1.1　工程咨询类型与意义

工程咨询的业务类型包括环境影响评估、节能评估、工程项目管理、变形监测、房产面积测绘、技术顾问等。

（1）环境影响评估

环境影响评估是指在实施规划和建设项目后对可能的环境影响进行分析，预测和评估，据此采取预防措施，或者给出减轻不利环境影响的对策和措施，并进行跟踪和监测的方法和系统（表12-1）。

环境影响评估的内容　　　　　　　　　　　　　表 12-1

1	建设项目概况	5	环保措施的可行性分析及建议
2	环境现状调查	6	环境影响经济损益简要分析
3	污染源调查与评价	7	结论及建议
4	环境影响预测与评价		

（2）节能评估

节能评估是固定资产投资项目节能评估和评审的缩写，是指按照节能法规和标准，分析和评估各级人民政府发展改革部门管理的中国境内建设的固定资产投资项目的能源使用是否科学合理，准备节能评估文件或填写节能登记表（表12-2）。

节能评估的内容　　　　　　　　　　　　　表 12-2

1	评估依据	
2	项目概况	
3	能源供应情况评估	项目所在地能源资源条件
		项目对所在地能源消费的影响评估

续表

4	项目建设方案节能评估	项目选址节能评估
		总平面布置节能评估
		生产工艺节能评估
		用能工艺节能评估
		用能设备节能评估
5	项目能源消耗和能效水平评估	能源消费量评估
		能源消费结构评估
		能源利用效率评估
6	节能措施评估	技术措施评估
		管理措施评估
7	存在问题及建议	

（3）工程项目管理

工程项目管理是指从事工程项目管理的企业受业主委托，按照合同约定，代表业主对工程项目组织实施进行全过程或若干阶段的管理和服务。工程项目管理企业不直接与该工程项目的总承包企业或勘察、设计、供货、施工等单位签订合同，但可以根据合同约定，协助业主与上述单位签订合同，并受业主委托监督合同的履行。

工程项目管理的内容   表 12-3

1	集成管理	6	人力资源管理
2	范围管理	7	风险管理
3	时间管理	8	采购管理
4	成本管理	9	结算管理
5	质量管理	10	决算管理

（4）变形监测

工程建设领域的变形观测对象主要是工程建设（结构），分为基坑和基坑支护变形监测，基础地基变形监测，上部结构变形监测，邻近建筑物和设施变形监测等。

通过变形观察，一方面可以监测建筑物的变形，一旦发现异常，可及时进行分析、研究、测量和处理，防止事故发生，确保建筑物和构筑物的安全。另一方面，通过分析和研究建筑物（结构）的变形，还可以验证设计和施工是否合理以及反馈结构的质量，为未来设计方法，规范和施工计划的制定与修订和提供依据，从而减少工程灾难并提高应变能力。

（5）房产面积测绘

房产的面积测绘主要是确定和调查房屋及其土地使用情况，为房产、房屋管理、房地产开发利用、税费征收、规划建设提供测量数据和信息。是将测绘技术和房地产管理业务相结合的重要工作。

（6）技术顾问

技术顾问是指从第三方的角度全面优化企业或工程项目的运营管理。

主要工作内容与具体协议内容密切相关，一般包括项目实施过程中的物业前期介入、结构加固等各种顾问内容。

12.1.2　工程咨询成果考核

对工程咨询单位的工作，也需要进行考核，考核内容见表12-4。

工程咨询考核　　　　　　　　　　　表12-4

考核对象	考核内容
环境影响评估与节能评估	考核书面报告的质量与完成时间
工程项目管理单位	依据合同约定，从进度节点完成情况、安全与质量控制情况、成本控制情况、文档质量等维度进行考核
变形监测与房产测量	考核正式书面成果的时效性与准确性
技术顾问	考核技术方案的功能性或效果性

12.1.3　建设工程监理管理

建设工程监理管理是指监理单位受建设单位委托，遵守法律法规、工程建设标准、勘察设计文件和合同对工程进行管理。在施工阶段，控制施工项目的质量，成本和进度，管理合同和信息，协调项目建设涉及的各方之间的关系，并履行建设工程安全生产管理法定职责的服务活动（表12-5）。

工程监理的阶段和工作内容　　　　　　　　　表12-5

准备阶段	在设计完成，施工图下达后，工程开工前编写监理规划、专业(或分项工程、分部工程)监理实施细则，制定监理工作方法，建立监理工作报告制度等，以书面形式提交建设单位，并分发至各相关单位
	在工程开工前及时审核施工单位提交的施工组织设计，包括施工技术方案、施工进度计划、安全及文明施工措施，将审查结果书面答复施工单位，并抄送建设单位
	审查施工单位各项施工准备工作，并协助建设单位下达开工令
	在施工前对施工图纸进行认真会审
施工阶段	检查资料设备。查看办公设施及检测工具是否齐备
	对工程进度进行控制
	对工程质量的控制
	对安全和文明施工的监督
	对工程投资的控制
	工程验收及工程质量事故处理
保修阶段	负责工程保修期内工程量的确认和施工质量监督
	配备专门的监理工程师配合建设单位做好使用单位入驻工作
	在工程交付使用时，督促施工单位对发现的质量问题进行整改修复，并向建设单位提交相应的评估分析报告
	参加工程保修期内的质量回访，并将回访记录提交建设单位
	监理单位应对工程维修工作量进行确认，审核维修方案，对维修过程进行监督，以书面形式向建设单位汇报维修工作结果

12.1.4 监理会议

监理会议是指由监理单位组织，建设单位、施工单位参加，在施工过程中召开的协调会议。会议周期根据具体项目确定，通常每周一次。

（1）会议内容

◆ 总监（或总监代表）首先介绍上周施工单位的完工情况和本周的施工计划，并对上周未完成的目标项目提出补救措施。

◆ 项目各监理部门汇报上周的监理工作情况，对施工单位施工过程中存在的质量安全问题展开客观评价，并提出相关的、具体的要求。

◆ 施工单位总结施工中存在的问题以及需要业主解决的问题。

◆ 业主应对施工单位和监理单位的报告进行客观审查，并提出具体要求。

◆ 展开讨论，由建设单位和监理单位主导，相关会议纪要与合同具有同等法律效力。

◆ 会议由监理单位组织，会议纪要经各参会单位负责人签字后，送至参加会议单位，并予以实施和检查。

◆ 其他事项。

（2）参会人员

◆ 项目总监或总监代表、专业监理工程师、监理员、资料员。

◆ 施工承包单位以下人员必须到场：生产经理、安全负责人、技术总负责、技术员、资料员和各栋大楼负责人。

◆ 建设单位代表。

◆ 与本项目部建设有关且与建设单位有直接合同关系的项目负责人。

◆ 业主临时指定的与本工程建设有关的其他人员。

（3）会议纪要

◆ 会议纪要应由监理单位记录，做到客观公正。

◆ 在完成会议纪要后，首先发给总监审查签名，然后发给承包商和建设单位以及其他受邀参会的单位代表审查、签名并签署日期。如果一方的变更超出会议的内容，则应获得其他方的同意。

◆ 相关各方确认签字后，由监理单位打印，盖章和分发。当事人签署的原件，必要时由监理单位妥善保管，以备检查。

开展良好的监理工作会议，梳理会议纪要，有效解决项目建设中存在的问题，是监理工作的重要组成部分，有助于监督工作的有序开展，故必须得到各方的高度重视。

12.1.5 监理考核

为了项目建设的顺利实施，对监理单位进行过程管控，明确监理工作成果及成果考核体系是工程监理工作的具体实践内容，可以有效地反映监督工作的效果，不同于监管规范和施工验收规范要求的监督结果，是不可替代的。对于监理绩效及对应的考核，应结合其工作成果与考核体系来进行（表12-6、图12-2）。

监理工作成果　　　　　　　　　　　　　　　　表 12-6

监理规划	在工程准备阶段完成。其中应包括工程停检点、样板停检点的确定,拟定专项施工方案的项目及时间等
专项监理细则	在施工过程中,针对不同分项工程编制专项监理细则,用于统一和规范监理工程师的日常工作,更重要的是指导施工单位有序施工
总分包进场交底	由监理单位组织,从合同主要条款、总分包配合、工作标准等方面对进场总分包单位进行管理交底
监理阶段性工作自评	作为阶段性监理考核的依据之一,需要监理单位提供合适的事例佐证
月度监理报告	对上月业主关注的重点工作进行回顾、总结、数据统计,同时对下月主要监理工作进行计划梳理
监理质量双周报	结合双周质量检查,对半月的工程质量进行评述,并提出下阶段的质量管理工作重点及改进措施
监理安全文明双周报	结合双周安全文明检查,对半月的工程安全文明进行评述,并提出下阶段的安全文明管理工作重点及改进措施
监理周报	针对月度监理工作指标,合理的分解到每周,并及时反馈问题
分户验收过程记录	主要针对分户验收中要求全数检查项目,业主、施工方进行过程检查的数据记录、收集、整理等工作

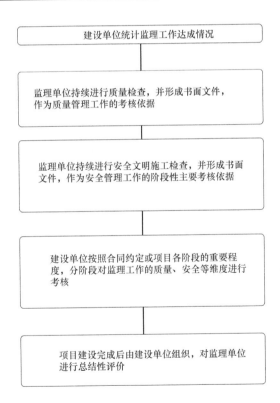

图 12-2　监理工作考核及评价体系

　　通常的监理考核阶段节点可按以下阶段进行,具体可结合项目实际情况进行调整:地下室结构完成,达到可售状态;主体结构封顶;外架拆除完成;竣工验收完成;物业验收完成。

　　表 12-7 是本区域总部大楼项目的监理工作考评表。

监理工作考评表   表 12-7

序号	考核项目	考核内容	分值	总分	得分	备注
1	机构	各专业监理人员按计划时间到现场，没有无故缺席	6分	10分		
		及时按照要求更换和增派现场监理人员	4分			
2	设计采购管理	按时审查总包单位技术交底及安全教育情况，并及时向项管单位反馈执行情况	2分	8分		
		按委托人招标计划，对施工、采购招标及时进行督促并跟踪执行	6分			
3	工程进度管理	及时审查月施工进度计划，报审计划紧凑合理	3分	20分		
		及时提交甲供材料进场计划，计划合理并有可控性	3分			
		及时检查进度计划执行过程情况，并积极向建管单位反馈进度偏差实际原因和纠偏建议	6分			
		进度管理措施得力，完成当月计划	8分			
4	工程质量管理	及时全面的对进场材料进行检查、验收或抽查，没有发生因材料质量不合格导致的施工质量问题	5分	25分		
		按照设计、规范、项管单位要求对隐蔽工程进行验收工作，没有发生隐蔽工程质量问题	5分			
		现场存在的质量缺陷及时地向项管单位或发包人反馈，并及时督促、跟踪、复查施工方整改情况	5分			
		严格按监理规范执行旁站建立职责，监理日志全面、详细、明晰	2分			
		本月完成施工部分工程质量合格，无质量问题发生	8分			
5	投资控制	设计变更、签证、索赔及支付审核及时、意见发表明确	5分	10分		
		变更、签证、索赔及进度支付审核金额与造价咨询机构审核金额的偏差绝对值不得大于15%	5分			
6	安全文明管理	按时组织现场安全文明周检查及专项检查，并有详细书面检查记录及整改回复，闭环管理到位	5分	17分		
		现场文明施工管理符合有关部门规定，并及时检查施工人员责任制执行情况并反馈，无单位或人员被项管单位或主管部门处罚	5分			
		本月无安全事故发生，现场安全文明施工措施全部到位	7分			
7	服务	及时响应及配合委托人或项管单位指令，对其指令做出明确答复，积极协助业主对现场施工单位及供应商进行协调	7分	10分		
		文件、图纸、资料的传递、管理工作无出现遗漏和差错	3分			
	总计		100分			

12.2 技术管理

12.2.1 工程技术文件体系

建设项目涉及的投资额巨大，为了保证策划阶段的经济性、建设阶段的可控性以及运营阶段的可追溯性，整个工程技术文件必须进行有效的管理和利用。为确保任何情况下均能有效调用所需文件，建设单位应将工程技术资料收集归档。

按规定，各部门应提交部门所涉项目的上级指示，政府审批，土地承包，包括建筑材料采购和工程合同（包括设计合同，监理合同，施工合同等，以及各种证书的原件，将其交给文件管理人员以便妥善保管。在施工项目结束时，应对施工过程中具有参考价值的重要文件、数据和资料进行汇总整理，并附上文件清单，以便移交给文件管理人员。

12.2.2 施工组织设计与施工方案

施工单位中标后，建设单位应要求中标人进一步熟悉施工图和施工现场的实际情况。编制有针对性的施工组织设计并提交建设单位和监理单位审查。审核完成后，形成审核意见，反馈给施工单位。施工组织设计不得擅自修改，与之相关的文件不得擅自签发；未经审查的施工组织设计不得作为施工和管理的依据。

施工组织设计依据应充分，需包括招标文件、施工合同、施工单位的其他要求、有关国家和地方的法律法规和标准规范、完整的施工图纸、地质勘探报告、地下管网分布图、现场条件等。施工组织设计应针对项目的具体特点提出相应的技术组织措施。

除施工组织设计外，施工单位和分包商应列出拟编制的常规施工方案，并应解决施工难点（例如后浇筑，防水，转换梁，斜坡屋顶、样板房、垂直运输等），技术方案应科学、经济、方便、有计划。

12.3 进 度 管 理

施工项目进度管理是指确定开发项目各阶段的工作内容，工作程序，期限和逻辑关系，编制进度计划，并将计划付诸实践，在实施过程中经常检查实际进度是否按计划进行，分析偏差的原因，采取补救措施或调整修改原计划，直至建设项目完成并交付。建设项目进度管理的最终目标是确保项目进度目标的实现。

建设项目进度管理在项目建设中与工程质量管理、成本控制管理具有同样的地位，各自之间互相依赖。在权衡好三者关系的情况下，可以达到工期合理、成本合适、质量合规的要求。故建设项目管理的主要工作就是对这三者全面系统地进行平衡，正确处理好进度、质量和投资的关系，提高建设项目的综合收益。

12.3.1 项目进度计划编制（表12-8）

施工项目进度计划是项目施工进度控制的依据。因此要对建设项目的建设进度进行规划和分解，并根据相应的控制目标，制定科学、合理、可行的施工进度计划表，最终形成进度计划系统。建设项目施工进度计划系统由许多相互关联的时间表组成，因为在项目进展期间逐步形成了编制各种时间表所需的必要信息，因此，建设和完善建设项目建设进度计划体系的过程也逐步形成。

建设项目进度计划系统的最高层是项目开发总体规划，其次是施工总进度表、主体工程施工进度表，各种专业和分区工程施工图（土建施工图，钢结构工程施工方案，幕墙工程施工方案，机电设备安装施工方案等）。

项目施工总进度计划 表 12-8

序号	工作内容	开始时间	完成时间	工期	2016 年		···	2017 年		···
					6 月	7 月		1 月	2 月	
	地下室部分及周边	2016 年 5 月 15 日	2016 年 6 月 10 日							
1	基坑捡底、基槽开挖	2016 年 5 月 15 日	2016 年 5 月 25 日	11						
2	基坑验槽及垫层浇筑	2016 年 5 月 26 日	2016 年 6 月 4 日	10						
3	······									
	主体结构施工	2016 年 9 月 1 日	2016 年 12 月 30 日							
4	1 号楼 1F～3F	2016 年 9 月 1 日	2016 年 10 月 3 日	33						
5	1 号楼 4F～15F									
6	···									
	砌体工程	2016 年 10 月 10 日	2016 年 12 月 30 日							

　　一般而言，建设项目的整体施工进度是项目的受控施工进度。编制施工项目进度计划的主要目的是通过编制计划重新审查施工合同中规定的施工进度目标。可以通过目标分解，确定总体部署和里程碑事件的特定时间以实现进度目标，并将其作为进度控制的依据。

12.3.2　项目进度计划的实施、检查与调整

　　(1) 进度计划的实施

　　施工单位负责按照批准的施工进度计划组织施工，在整个施工过程中，监理单位应该协同建设单位对日常进度进行监督、检查及管理。

　　监理单位应当对施工单位、材料供应方和专业施工单位提交的进度计划进行审核，并检查每个分包合同的土建工作、安装工作与各阶段的时间表是否相互关联，并对满足要求的计划予以确认。

　　在施工过程中，监理单位应对施工单位的施工组织和管理进行跟踪监督，确保其符合进度要求。当发现施工组织方法，工作面管理或资源投入不充分、效率低、不符合施工组织设计和计划，对进度计划目标产生影响单位应当进行整改，监理单位应当对整改结果进行核查。

　　施工单位应当按照规定的程序分析每周计划产生偏差的原因，提出纠正措施，并进行审批。监理单位负责对整改措施的实施情况进行核查，包括施工总承包商对分包商的进度控制，并在每月末的摘要后形成监督月报，并提交给建设单位。

　　(2) 进度计划的检查与调整 (图 12-3)

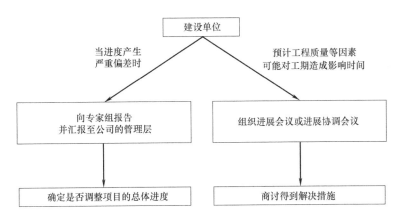

图 12-3　进度计划的检查与调整

　　建设单位负责对进度计划进行监督,若经商讨后需要对进度计划进行修改,应分析判断造成进度计划更改的具体原因。

　　若认为只需要在不影响施工期的情况下纠正问题,施工单位应当将具体的整改措施提交监理单位和建设单位审批。

　　施工单位判断因公司内部其他配合部门的原因,可能对非关键线路工期造成影响时,有关部门应当以"施工期影响通知"的形式及时通知,并要求及时完成协调工作。如果对关键线路工期有任何影响,施工单位应组织有关部门召开专题会议,协调完成时间和工程竣工时间并在会议上明确规定。

　　确因项目公司内部原因,对工期造成延误,由建设单位办理书面工期签证后,工期方可顺延。若顺延工期达一定天数的工期签证,必须经公司管理层分级、分权限签字认可。

12.4　质量管理

12.4.1　项目工程质量策划

　　项目质量规划对项目的重要意义在于确保项目质量得到控制,加强检查工作的制度化,促进公司充分了解项目质量,确保项目建设顺利进行。

　　工程质量计划应建立健全项目管理组织机构。明确项目管理组织机构中每个职位的职责。项目建成后,应根据项目特点制定质量计划,包括勘察、设计、施工、材料四大方面。

　　施工单位应审核批准分包商或供应商提交的建议书,质量保证书,并要求其提出新技术,新材料的质量保证措施。接收项目或材料必须有明确的标准,并有准确的质量记录。

12.4.2　项目工程质量控制与验收

　　(1)工程质量控制

　　工程质量的控制是贯穿项目全周期的,主要包括勘察阶段、设计阶段和施工阶段(表 12-9)。

项目工程质量分阶段控制 表 12-9

项目阶段	注 意 事 项
勘察阶段	在测量工作之前,应查阅相关资料,对项目地质条件大致熟悉
	合理安排测量点
	对于复杂地形,可增设勘测点
设计阶段	确保功能和使用价值的满意度
	保证工程效益最大化
	考虑施工的可行性和难易程度
施工阶段	严格审查施工组织设计
	注意隐蔽工程的验收工作
	重点关注施工计划的修改情况
	及时记录施工中的问题和经验

（2）工程质量验收

根据规范规定,建设单位应组织监理进行过程检验和最终检验（表 12-10）。

工程验收内容 表 12-10

1	隐蔽工程验收	施工单位自检后,通知项目部和监理验收,项目部专业工程师和监理验收通过后,在隐蔽工程验收单上签字,允许其进入下一道工序
2	分部工程验收	专业工程师组织监理对分部工程进行验收评定,并在施工单位提交的分部工程质量检验评定表上签字
3	单位工程验收	单位工程完工后,工程部经理组织各专业工程师、监理对单位工程进行检验评定,并在单位工程质量综合评定表上签字
4	质监站验收	单位工程验收合格后,项目部会同施工单位上报工程所在地质监站验收

针对验收不合格的情况,可提出不同的处理意见:

◆ 施工单位自行处理,建设单位和监理单位对处理过程进行监督。

◆ 施工单位提出方案,建设单位、设计单位和监理单位批准执行,在整改过程中进行监督。

◆ 建设单位与设计单位、监理单位协商提出处理意见,责令施工单位执行。

12.5 安全与环保

在项目建设过程中,不仅应关注建设项目的质量和进度,更应关注安全与环保,这不仅关系着建设项目的口碑,也关系着建设项目的可持续发展。

12.5.1 项目安全管理

施工合同中明确规定了现场硬化、安全网、工具机械、脚手架、围栏、标牌等安全文明施工措施。对于施工单位未按合同约定履行安全文明施工措施的,应当按照合同罚金扣除相应的措施费用。值得注意的是,不同的施工阶段,应做出不同的施工现场布置。

监理单位应做好施工安全和文明施工监督管理工作,并在每周例行会议或其他工程会议上对施工现场安全和文明施工的实施情况进行点评。对于严重的隐患,监理单位应当以

《整改通知单》的形式向施工单位通知，同时，责令施工单位限期改正，并负责核查和关闭。

对于政府和公司检查过程中发现的安全隐患和文明施工问题，监理单位需持续监督和跟进（表12-11）。

项目安全文明检查记录表　　　　　　　表 12-11

单位名称		工程名称		检查时间	
检查内容或部位					
参加检查人员					

本次检查记录：

记录人：

上期检查整改情况：

整改复查人：
项目负责人：

当施工单位编制施工组织设计（施工方案）时，必须制定安全技术措施。在吊装、深基坑、支撑模具等特殊工程和危险作业中，应编制专项的安全技术方案。组织施工时，应实施分级安全管理，否则将无法施工（图 12-4）。

12.5.2　专项方案

根据成都市安全文明施工的有关规定，国家和行业的有关规定和条例以及合同要求，编制各种"安全文明施工和环境保护计划"，并报监理单位审查。施工单位应当确保专项施工方案符合有关法律、法规、标准和施工安全的要求。方案内除一般的安全文明要求及措施外，必须涵盖环境保护的内容，包含但不限于现场施工污水排放处理、现场建渣土及废旧建筑材料回收处理、工业污染原材料管理、生活区生活垃圾处理及废水排放处理等内容（表 12-12、表 12-13）。

四川西南工程项目管理咨询有限责任公司
Sichuan Southwest Project Management & Consultancy Co.,ltd

项目安全文明检查记录表

编号：周检-013

单位名称	四川西南工程项目管理咨询有限责任公司	工程名称	中建西南总部大楼	检查时间	2016.01.10
检查内容或部位	施工现场范围内				
参加检查人员	详见签到表				

本次检查记录：
  1、2号塔吊经过地下室顶板洞口边缘防护不完善。
  2、裙楼二层施工电梯出入口边缘防护不到位。
  3、Q1区二层东面结构面建渣未清理干净。
  4、Q2区二层北面临边建渣未清理，易坠落伤人。
  5、Q1区二、四层西北角建渣未及时清理。
  6、Q1区四层西侧挡脚板缺失。
  7、主楼十一层以上东北角缩构板面安装洞口未封闭。
  8、主楼十四层以上洞口未按规范要求封闭。

记录人：赵 川
项目机构（盖章）

上期检查整改情况：
  1、十二月月检第9条，主楼一层泵管架与泵管上端已可靠连接。
  2、元旦节前检查、周检-012未书面回复。

整改复查人：王净华
项目负责人：陆超

图 12-4　项目安全文明检查记录表（扫描件）

工程建设部的检查内容　　　　　　　　　　　　　　　　　　表 12-12

1	工程建设部每月组织一次由监理单位、施工单位项目负责人、安全工程师等相关人员参加的安全文明施工检查
2	工程建设部对检查中发现问题的整改进展进行跟进以形成闭环管理
3	每次检查及整改形成《项目安全检查记录表》，督促施工单位按照要求整改
4	工程建设部日常检查发现的问题，可以要求施工单位整改，严重问题可通过监理通知单形式下发要求整改，必要时通过监理下发停工令暂停相关部位施工

	工程建设部的检查内容 表 12-13
1	监理单位定期组织的安全文明施工检查完成后,应形成检查记录,报工程建设部存档
2	监理单位、工程建设部如在检查中发现存在安全隐患和不规范、不合格的施工行为,则由监理单位责令施工单位根据检查记录限期整改
3	施工单位应及时组织进行整改并在完成后形成整改报告,报监理单位进行复查
4	监理单位在接到施工单位整改复查申请后及时组织复查,复查合格将整改报告报工程建设部存档,形成闭环管理
5	工程建设部监督检查及整改流程的落实情况。根据检查情况决定是否给予奖罚

12.5.3 项目环境管理

建设项目环境管理的目的是协调社会经济发展与人类生存环境,控制工作现场各种环境因素造成的环境污染和危害。充分体现节能减排的社会责任。

环境管理任务是建设项目设计和施工单位的管理活动,以实现项目职业健康安全和环境管理的目标,包括制定、实施、审查、实践等程序。

建设项目的环境管理包括设计和施工两个主要过程,其中施工过程的风险已成为风险的主要来源。

由于危害和环境因素的特点,职业健康安全和环境管理经常出现在同一承运人身上,安全和环境风险往往表现在同一事件或事故中。因此,建设项目的职业健康安全和环境管理往往需要综合实施(图 12-5)。

图 12-5 项目形象进度

(1)环境管理的特点

环境管理是指根据法律法规的要求,各级主管部门和企业环境政策制定的程序、资源、流程和方法。管理环境因素的过程，包括控制现场的各种环境污染和灰尘、废水、废气、固体废物、噪声和振动等危害，节约建设资源等。工程建设项目的环境管理主要体现在项目设计方案和施工环境的控制上。项目设计对施工过程环境的间接影响是显而易见的，施工过程是影响项目建设项目环境的主要因素。

（2）施工环境的污染预防

为减少对环境的有害影响，在使用过程中减少或控制各种污染物和废弃物的产生、排放或处置是建筑环境污染预防的要求。保护和改善项目建设环境是保证人民健康，提高社会文明程度，改善施工现场环境，保证施工顺利的需要。文明施工是建设施工环境管理的一部分。

（3）施工环境管理的要求

施工现场环境管理机构以项目经理为第一责任人。分包单位应当服从总承包商环境管理组织的统一管理，并接受监督检查。

应当根据法律法规、相关各方和环境保护的要求，确定施工现场环境管理的目标和指标，并结合施工图纸和方案，制定相应的环境管理计划和环境保护措施。

通过教育培训、课程学习、新媒体等多种方式，对公司全体员工进行环境管理宣传教育。专业管理人员应熟悉并掌握环境管理规定。

施工现场的相关作业要求应按照预先制定的施工环境管理措施执行。包括施工期间噪声、污水、粉尘、固体废物等排放和资源保护的环境管理措施。设置符合要求的消防设施，在易发生火灾的区域，或存放、使用易燃易爆物品时，采取特殊的消防安全措施。

及时进行施工环境信息的沟通和交流。评估内部和外部的重要环境信息，并通过有效的信息传递防止环境管理的重大风险。

施工现场应识别可能的风险情况，制定应急措施，并提供应急准备和资源。环境应急响应措施应与施工安全应急措施相结合，以最大限度地提高资源效率。

12.6 现场签证

12.6.1 签证与变更的来源

变更分为两类，一类是设计变更，由设计单位提出的对已提交设计资料的补充、完善、优化；另一类是技术洽商或技术核定，由非设计单位（即监理单位、施工单位、建设单位）根据工程情况对已经接收的设计资料及非设计原因进行的补充、完善、优化、做法确认以及根据功能改变所做的相应变更（表 12-14）。

设计变更的类别   表 12-14

设计补充	针对施工图设计内容出现漏项而提出的变更洽商。这类变更洽商虽然相对于原施工图来说费用增加，但由于发生在施工之前，不存在返工损失，所以仍然是正常的工程直接成本
设计确认	针对施工图图面上出现的不清楚，错误，平、立、剖尺寸及做法要求不统一，致使工程无法进行施工而做出的变更洽商。这类变更洽商是对图面的复核确认，既解决无法施工的问题，又为造价计算提供准确的费用计算依据
优化设计	在施工图设计基础上提出的优化设计的变更洽商，相对原施工图减少费用，并带来直接经济效益

功能改变	由工程、研发、营销(业主变更)、造价采购部(资源条件变化)、物业公司、商运公司(市场变化)等部门在原施工图基础上提出的功能变更需求而发生的变更洽商。这类变更洽商有的发生在施工之前,不产生返工费用;有的发生在施工之后,会产生返工费用
管理不善	因对施工图设计漏项,对技术方案确定不规范,对建筑材料和工序质量把关不严而提出的变更洽商。这类技术洽商发生在施工之后,会产生返工费用
其他	指除了以上类别以外的变更,如明确工程施工界面、材料耗量等

除了设计变更和技术洽商以外的变更,称为现场签证,现场签证分为经济签证和见证签证。经济签证是指在施工过程中对合同范围以外的工作内容进行认证,包括非签约项目就业签证,机械工作签证和零星工程签证。而见证签证是合同范围内工作内容的证明,需要现场确认工作量。

12.6.2　现场签证造价控制

(1) 提出工程指令申请

由于施工原因(施工条件,地下条件,地下水,结构和不符合设计的管道等的变化)原始设计需要通过协商进行更改,导致发生工程量的增减,或技术变动,由施工单位以工程函件、专题报告或技术核定单的形式上报监理单位并报送相关附件。

(2) 监理单位审查

监理单位收到施工单位的工程函,报告或技术核定单后,组织专业人员对其内容进行审查,若内容不符合要求(如资料不完整)或不具备必要性或合理性,监督单位有权将其退回。经审核符合要求,总工程师签字后的工程函或专题报告应在1个工作日内反馈给施工单位建设部门。

(3) 建设单位审批及实施

1) 工程建设部收到监理单位审查后的施工单位报告或核定单后,应组织规划设计部、合约商务部和相关部门评审和讨论,填写《工程指令单》及《工程指令审批表》进行会签并提出相应的意见。若工程指令涉及金额在1万元及以下,则由工程建设部自行决定是否实施该工程指令;若工程指令涉及金额在1万元以上,工程建设部应严格执行审批意见。

2) 工程建设部于2个工作日汇集各部门会签意见后报公司领导审批,确定此工程指令的必要性与可实施性,并以工程指令单形式将意见反馈至施工单位,抄送给监理单位。

3) 施工单位在收到建设单位的工程指令单后,按照工程指令单的要求组织实施。工程指令单及附属文件为工程洽商中施工单位的唯一结算依据。

4) 对于根据工程指令单、图纸及变更、相关技术资料与文件无法计算出工作数量或涉及费用的情况,应在工程指令单要求实施内容完成后,由工程建设部牵头组织合约商务部、造价咨询单位、监理单位、施工单位及其他相关方在现场进行工作数量核定。

5) 工程建设部也可直接对工程施工或现场管理提出要求或变更,并直接向施工单位签发工程指令单,审批签发流程不变。

(4) 审核意见及要求

1) 一般情况下,各层审核意见不得简化为"同意""属实""工程量属实"等词语或无任何审核意见。

2）工程指令单主办人应对工程指令的真实性及理由做出说明，对经现场核实的工程数量准确性做出判断（经书面计算的工程数量不需主办人核定），对施工单位完成的图纸尤其是尺寸进行核对。

3）造价人员需要对工程指令内容是否属于施工单位合同责任作出判断、复核经主办人核定的工程数量，并提出价格建议。

4）合约商务经理对工程指令内容是否属于施工单位合同责任、工程数量、价格提出审核意见。

5）工程指令的工作内容应避免以工作日或台班计算。如确需以工作日或台班计算，则审核意见必须说明工人每日起止工作时间及人数和机械设备运转时间及数量，否则该工程指令无效。

6）若工程指令涉及经济变更、现场经济签证的，按合约商务部的建设工程经济变更及现场签证管理相关工作程序来执行（表 12-15、表 12-16）。

工期顺延申请表　　　　　　　　　表 12-15

提出单位	
提出时间	
事由	
工程建设部审核意见	主办人：　　　　　　　　　　部门负责人：
营销策划部审核意见	部门负责人：
合约商务部审核意见	部门负责人：
其他相关业务部门意见	
分管领导审核	
领导审批	

现场收方记录表　　　　　　　　　　　　表 12-16

编号：　　　　　　　　　　　　　　　　　填表日期：　　年　月　日

工程名称			
建设单位		施工单位	
监理单位		造价咨询单位	
收方依据		收方部位	
收方内容			
记录确认会签	施工单位		
	监理单位		
	造价咨询单位		
	建设单位工程建设部		
	建设单位商务合约部		

12.7　竣 工 验 收

12.7.1　尾项工作及其特点

建设项目已实质完工并通过建设单位组织的竣工初验或项目累计进度已经达到项目总量的 95% 以上，即可界定为项目进入收尾阶段。当建设项目进入最后阶段时，仍面临着大量的工作，完成工作是确保项目顺利运行的关键。然而在实际中，施工单位和监理单位对后续整理工作的关注不够，前期累积的一些问题在最后阶段便会暴露出来。

建设项目结束时，工程实体的建设任务基本完成，基本剩下维修任务。此时，施工单位人力和物力资源方面的主力已转移到新项目中，只有少部分力量用于整理和清理项目。在业务和技术方面，建设技术指导工作不多，但有大量的信息综合和整理工作。在资金方面，进度款支付已达到合同约定的上限，项目结算尚未完成，但分包，劳务和供应商的催款增加。总承包商迫切需要建设单位核实项目结算，并尽快支付项目结算款。

监理单位认为在项目结束时，自身的主要监督工作已经完成，忽略项目最后阶段可能存在的隐患，注意力不足，对项目最后阶段缺乏关注导致监督服务水平下降。

建设单位应成立专门的尾项工作管理团队，编写尾项工作责任分工，按照用户和接管使用单位的要求，督促施工单位尽快满足终结条件。同时，建设单位应同步拟定建设项目收尾方案，明确项目后期尾项工作的计划安排。

尾项工作内容 表 12-17

1	组织对验收时用户提出的质量、功能缺陷进行修复、整改,完成剩余现场尾项工作
2	项目竣工资料的编制、汇总和移交
3	组织建设项目复验,办理工程移交,与施工单位签订《工程质量保修书》
4	办理竣工结算,对施工单位、甲方指定供应商、分包单位进行工程、采购价款的结算与回收
5	财务账目、结余物资、机械设备的移交或处置
6	组织编写总结及项目后评价
7	接受公司相关部门、第三方审计单位对项目进行审计
8	人员安排与项目组织结构撤销

12.7.2 竣工验收手续

在工程竣工验收前,应完善相关的手续步骤,具体内容见表 12-18。

工程竣工前有关手续明细表 表 12-18

工程名称: 施工单位: 总包单位:

手续资料明细	情况说明	负责人签字	备 注
竣工资料			总包单位或建设单位工程内业填写
水、电费结算说明			若发生,由总包单位或建设单位填写
配合费支付情况			若发生,由总包单位填写
工程质量情况			现场工程师和工程建设部经理填写
工程竣工时间			现场工程师和工程建设部经理填写
工程罚款数量			建设单位工程内业填写
工程奖励情况			建设单位工程内业填写
现场建渣清运费用			若建设单位组织清运时由建设单位现场工程师填写,否则由总包单位负责填写
扣款情况			由造价过程控制单位工程师填写

建设单位工程建设部(签字): 总包单位(签字): 施工单位(签字):

建设项目完成,应具备如下条件:完成建设工程全部设计和合同约定的内容,达到交付、使用要求;有完整的技术档案和施工管理资料;有工程使用的主要建筑材料、建筑构配件和设备的进场试验报告;有勘察、设计、施工、监理单位签署的质量合格文件;有施工单位签署的工程保修书(表 12-19)。

竣工验收项目 表 12-19

程序	工程分类	参加单位
1	消防工程	消防局 设计单位 监理单位 施工单位 工程部
2	环保工程	环保局 设计单位 监理单位 施工单位
3	燃气工程	燃气公司 设计单位 监理单位 施工单位
4	人防工程	人防主管部门 设计单位 监理单位 施工单位
5	电梯工程	质监局 设计单位 监理单位 施工单位

续表

程序	工程分类	参加单位
6	安全验收	安检站 监理单位 施工单位
7	供电工程	供电局 设计单位 监理单位 施工单位
8	白蚁防治工程	白蚁防治办公室 工程部 监理单位 施工单位
9	自来水接驳	自来水公司 工程部 监理单位 施工单位
10	规划验收	国土局 设计单位 监理单位 施工单位 项目发展部
11	档案验收	档案馆 工程部 设计单位 监理单位 施工单位

上述各项工程验收的前置条件见后。

12.7.3 竣工验收前置条件

各项竣工验收均应满足各自的前置条件，企业应严格检查，确保项目质量的达标（表 12-20）。

竣工验收前置条件 表 12-20

序号	验收项目	前置条件
1	消防工程	技术资料应完整、合法、有效。消防工程的施工,应严格按照现行的有关规程和规范施工,应具备设备布置平面图、施工详图、系统图、设计说明及设备随机文件,并应严格按照经过公安消防部门审核批准的设计图纸进行施工,不得随意更改
		完成消防工程合同规定的工作量和变更增减的工作量,具备分部工程的验收条件
		单位工程或与消防工程相关的分部已具备验收条件或已进行验收
		施工安装单位已经委托具备资格的建筑消防设施检测单位进行技术测试,并已取得检测资料
		施工单位应提交:竣工图、设备开箱记录、施工记录(包括隐蔽工和验收记录)、实际变更文字记录、调试报告、竣工报告
		建设单位应正式向当地公安消防机构提交申请验收报告并送交有关技术资料
2	环保工程	建设项目的主体工程完工后,其配套建设的环境保护设施必须与主体工程同时投入生产或者运行。需要进行试生产的,其配套建设的环境保护设施必须与主体工程同时投入试运行
		建设项目试生产前,建设单位应向环境保护行政主管部门提出试生产申请
		环境保护行政主管部门应自收到试生产申请之日起 30 日内,组织或委托下一级环境保护行政主管部门对申请试生产的建设项目环境保护设施及环保措施的落实情况进行现场检查,并做出审查决定。对符合要求的,同意试生产申请;对不符合要求的,不予同意,并说明理由。逾期未做出决定的,视为同意。试生产申请经环境保护行政主管部门批准后,建设单位方可进行试生产
3	燃气工程	燃气工程建设项目的内容必须符合地区燃气管理条例的要求
		燃气工程必须符合地区燃气总体发展规划的要求
		承接燃气工程建设的单位必须是取得《燃气经营许可证》的企业
		燃气工程项目应当符合发改、住房与城乡建设、环保、规划、消防、质监、气象防雷等部门的相关报建、审查、检验和验收的手续
		燃气工程有关勘察、设计、施工、监理等单位须具备相应资质,备案登记手续,燃气施工图设计文件应当取得施工图审机构的审查合格意见
		法律法规规定的其他要求

序号	验收项目	前置条件
4	人防工程	工程已按设计要求完成,能满足战时和平时的使用要求
		各种设备试运转合格,能满足战时和平时的使用要求
		按工程等级和口部防护的要求,安装并调试了各类人防门
		工程无漏水
		内部粉刷完成
		回填土完成,通道通畅等
5	电梯工程	电梯资料齐全(出厂合格证、年检合格证、电梯资料、电梯钥匙)
		电梯的安全部件试验必须符合技术文件和有关规范的要求
		电梯观感质量检查应符合规定
		电梯的噪声、平层准确度、运行速度的检验符合规范要求
		曳引机曳引能力符合规定
		机房或者机器设备间的空气温度保持在5~40℃之间;机房内应通风,井道顶部的通风口面积至少为井道截面积的1%,从建筑物其他部分抽出的污染气体,不得排入机房内
		对井道进行了必要的封闭
		电梯检验现场(主要指机房或机器设备间、井道、轿顶、底坑)清洁,没有与电梯工作无关的物品和设备
		电源输入电压在额定电压值±7%的范围内
6	安全验收	检查洞口、临边的防护及其安全警示标志
		检查作业人员劳动防护用品
		检查施工现场的带电设备是否采用合格的绝缘材料封闭或者用屏障、围栏围护起来;检查临时动力线架设是否符合安全要求,电动工具设备是否可靠接地(零)
		定期检查脚手架搭设和安全网或防护挡板等设置是否符合要求;检查各种机械设备及机具是否保持完好,并对施工机械进行维护保养
		检查消防设施是否缺压,进行消防火灾教育和演练
		对入场职工进行安全教育及培训、安全和技术交底;对各工种进行安全操作规程培训并经考核合格,方可上岗
		检查特种作业人员是否持证上岗
		管理人员安全及质量责任书签订,建立各种制度
		对发现的隐患进行及时整改
		节假日值班表编制并落实到人
7	供电工程	输变电工程建设是否符合设计要求和国家有关规定
		隐蔽工程施工情况,包括电缆工程、电缆头制作、接地装置的埋设等
		各种电气设备试验是否合格、齐全
		变电所(室)土建是否符合规定标准
		全部工程是否符合安全运行规程以及防火规范等
		用电安全工器具是否配备齐全,是否经过试验
		操作规程、运行值班制度的审查
		作业电工、运行值班人员的资格审查

序号	验收项目	前置条件
8	白蚁防治	使用合格药水
		白蚁防治具有良好效果,并具有15年保质期
9	自来水接驳	测量前先复核水准点是否符合规范要求
		在测量过程中,沿管道线路应设临时水准点,水准点间距不大于100m并与原水准点闭合。施工水准点应按顺序编号,并测定相应高程
		若管道线路与地下原有构筑物交叉,必须在地面上标明位置
		定线测量过程应作好准确记录,并标明全部水准点和连接线
		根据图纸和现场交底的控制点,进行管道和井位的复测,做好中心桩、方向桩固定和井位桩的验桩、拴点工作,测量高程闭合差要满足规范要求
		施工过程中发现桩钉错位或丢失应及时校正或补桩
10	规划接驳	建设工程按规划建设并已竣工
		按规划要求实施绿化并取得市园林局验收意见
		按规定布置环卫设施并取得环卫局验收意见
		配套相关公共服务设施
		拆除规划要求拆除的房屋和临时建筑
		满足道路和停车要求
		落实其他规划要求
11	档案验收	项目主体工程和辅助设施已按照设计建成,能满足生产或使用的需要
		项目试运行指标考核合格或者达到设计能力
		完成了项目建设全过程文件材料的收集、整理与归档工作
		基本完成了项目档案的分类、组卷、编目等整理工作

各项竣工验收都应满足各自的前置条件,建设单位应严格检查,确保项目质量的达标。

12.7.4 移交物业公司及用户

达到以下三项条件,即可移交物业管理部门及用户,即:已通过竣工验收;施工单位已将竣工验收中发现的质量问题全部整改完毕后移交建设单位;竣工资料齐全。

竣工验收完成后,施工单位以书面形式通知物业公司准备接收已完工的建设项目并通知有关单位。随后,施工单位组织物业公司、监理单位和施工单位参加建设项目物业的验收和转让。逐户检查将视具体情况而定,如有必要,物业工作人员可以提前检查物业的质量。

移交完成后,施工单位应当与物业公司填写书面移交函,统计检查所涉及的相关部件的质量。同时,通知监理单位监督施工单位在规定时间内解决检查中出现的问题。监理单位督促施工单位完成整改检查后,应通知物业公司重新审核整改结果,直至验收通过为止。

交接时,施工单位应为物业公司提供一套完工资料,相关设备必须配备齐全。必须绘制竣工图并详细说明图纸的设计变更。移交后,投诉的处理记录,施工单位的联系方式等必须交给物业公司。

12.7.5　回访与保修

工程质量回访是为了解顾客对已交付工程的意见，掌握工程可能存在的质量问题的一种途径和行为。

第一次回访将在完工和验收的半年内进行，并将每年回访一次。此外，还应特别注意水、地震等项目的特殊回访。回访第一次可以采取访问或讨论的形式。

回访结束后，填写《工程回访记录》并交公司相关部门保存；其他单位组织的工程回访，在工作结束后必须及时填写《工程回访记录》，并上报公司工程管理部（表12-21）。

工程质量保修的工作内容　　　　表12-21

工程质量保修的确定	通过工程质量回访发现需要实施工程保修，或接到使用单位的《工程质量修理通知书》后，公司工程部门根据需维修的位置，通知原项目主责人到达现场分析判断是否属于保修的范围，最终确定保修的范围及内容，并负责督促其完成保修任务
工程质量保修的实施	保修的范围及内容确定后，由原项目编制施工方案报公司工程部门并由公司相关部门审核，报领导审批通过后由原项目实施保修
工程质量保修的验收	保修的范围及内容完成后，报业主进行验收，验收通过后形成书面报告，报公司工程部门备案

项目质量是终身责任，项目保修期满后，凡出现与项目施工质量相关的事宜，由公司工程部门负责组织项目原主要负责人、公司各相关部门进行处理。

本 章 小 结

项目建设中的管理工作，是包含了咨询、技术、进度、质量等内容在内的综合管理工作。在实践过程中需要协调各方关系，力求得到最佳的施工管理效果。

中建西南总部大楼项目建设管理过程，包括工程咨询、技术管理、进度管理、质量管理、安全与环保、现场签证以及竣工验收等重点项目，在实践过程中认真遵循各自的工作重点，使得项目达到最佳效果。

第三篇　运　营　篇

13

项 目 推 广

区域总部大楼项目是办公、商业、公寓酒店的中小型城市综合体。对于这类综合项目，其推广过程尤为重要。项目推广是指针对某一特定产品，在特定时间内，借助各种渠道对项目进行的推荐活动。

本章通过介绍中建西南总部大楼项目推广实践活动，对项目推广的方案、渠道、活动、评估等内容进行分析，构建项目推广的科学流程体系。

本章具体内容如图 13-1 所示。

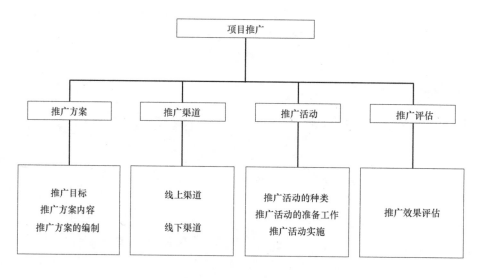

图 13-1　本章内容流程图

13.1　推 广 方 案

区域总部大楼项目推广就是针对区域总部大楼所有办公、商业、公寓酒店等业态产品制定的推广策划方案，然后按方案进行项目推广宣传，将项目企业品牌和产品信息展示给消费者，实现项目招商或销售的目的，从而实现项目的经济和社会效益，是现代营销的一种手段。

区域总部大楼推广方案主要包括项目目标客群、推广目标、推广计划、推广渠道等方面，它是项目推广主题、广告创作、渠道选择、费用预算制定、效果评价的依据。

13.1.1 推广目标

树立区域总部大楼项目开发企业的品牌形象、项目形象，促进项目顺利实现招商目标、取得一定的经济和社会效益。对本区域总部大楼进行整体品牌推广，向受众传达高端、上位、极具价值的商务经济体。

(1) 增加中建西南总部大楼知名度和曝光量。

(2) 深度解读"城市未来核心""天府新区CBD""资源聚合能量"等中建西南总部大楼优势条件。

(3) 扩大中建西南总部大楼、中建集团在线上及线下的话题性，宣传和推广品牌价值及其精神内核，高举高打，直击目标客群。

(4) 增加曝光渠道，进行百度SEO、新闻媒介等相关铺排。

13.1.2 推广方案内容

(1) 项目形象包装

1) 项目LOGO及VI系统

VI是视觉标识系统的简称，是CIS系统中的一部分。区域总部大楼作为一个具有多功能业态的城市综合体，其CI使用频次较高，要求更多。

2) 招商推广物料

沙盘模型、区位图、户型图、楼书、招商手册折页、DM、宣传画册等的设计制作计划。

3) 招商接待中心的包装

功能分区、造型、平面方案、动线、软装等的包装计划和安排。

4) 项目现场的包装

围挡和楼宇外墙的宣传计划和安排。

(2) 推广策略

(3) 推广媒介整合

渠道创新、新闻策略。

(4) 推广阶段

预热、启动、高潮、持续四个阶段。

(5) 推广落地

阶段策略、推广进程、新闻炒作。

(6) 推广费用 (图13-2)

推广费用占招商或销售额的1%～3%。

13.1.3 推广方案的编制

推广方案的编制目的在于清晰每一个推广步骤，有计划的循序渐进的执行，从而达到项目推广的目的。

(1) 圈定目标客户

确定谁是主力购买人群，解决消费者定位；了解消费者购买、租赁动机；分析消费者

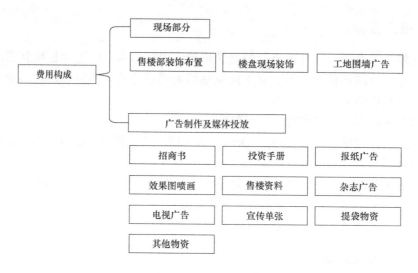

图 13-2　推广费用构成

在何时购买或者在何时更愿意购买，有助选择合适时机推广项目。通过调查周边入驻企业经营范围，确定潜在客户行业范围。分析潜在目标客户的消费习惯、认知习惯、兴趣点，以此来制定推广方式方法。根据项目定位，制定广告策略及广告阶段性划分，确定广告主题，突出项目优势。树立项目形象，强化项目品质。编写项目广告文案、宣传语、logo，力争抓人眼球，深入人心。

（2）确定推广目的

提高写字楼认知度、美誉度，扩大项目影响力，取得市场关注，完成阶段性租赁目标。

（3）推广计划的确定

一般区域总部大楼项目的推广主要有三个阶段：第一个阶段为项目的预热期；第二阶段为项目的集中推广期；第三个阶段为项目的持续期。不同阶段采取不同的推广策略。

1）第一阶段：项目预热期

该阶段的任务为积累准客户，聚集市场人气，试探市场对项目的认可程度，为中期推广造势。可利用电话拜访、登门拜访、DM 单、招商手册的发放等形式来积累客户，试探市场对项目的态度，利用报纸、电台、户外大牌等媒介做一些低频率硬性广告来进行前期的市场形象推广。

2）第二阶段：项目推广期

该阶段的目的是迅速传达租赁信息，挖掘、吸引潜在客户的关注，提升项目优势的社会认可度，树立项目的品牌形象，快速提高出租率。

此阶段为市场推广的重点阶段，主要推广形式以硬性广告为主，从项目的优势和定位出发，采用报纸、电视、电台、户外等媒介进行全方位的包装、宣传，增强项目的市场关注度。同时可在商场等人流密集场所搭建展台，发放宣传资料，加强客户对项目的了解程度。

3）第三阶段：项目持续期

该阶段主要是维护项目形象，强化项目优势，营造良好的入住氛围，进一步提升项目出租率。

此阶段推广形式可多采用参观样板间等主题活动，邀请客户及媒体记者来本项目进行参观体验，目的是使消费者形成对项目及企业的深刻印象，建立起鲜明的功用概念、特色概念、品牌概念、形象概念、服务概念等，从而达到提高项目知名度及促销的目的，同时增强企业的竞争力。与此同时配合一些广告宣传，保持一定的曝光率，以维护项目的形象，进一步提高成交率。

（4）推广方案的确定

1）区域总部大楼项目的推广方案一般有三个，第一个是项目全寿命期的整体推广方案，第二个是年度推广方案，第三个是季度或阶段推广方案。

2）区域总部大楼项目在完成招商策划后确定了项目的推广思路和推广节奏。根据项目开发招商需要编制项目的推广方案，推广方案可以由开发商组织广告商和策划商共同编制成稿，也可由专业策划公司结合项目情况和开发商意见编制完成。一般在项目破土动工前一个月内完成整体推广方案，在每年年末完成下一年度的推广方案，季度推广方案可在年度方案的基础上根据招商节点分季度安排推广。

3）推广方案编制完成后，按流程进行讨论和完善，报批同意后即予以实施。实施过程中不得随意改变推广方案，包括推广时间、媒介、推广策略、费用等的变化或调整，都必须经过公司审议批准后方可调整（表13-1、表13-2）。

招商费用预算总表　　　　　　　　　　　　表 13-1

编制单位：　　　　　　　　　　　　　编制时间：

费用科目	分项	预算金额
咨询服务费	前期顾问	
	销售代理	
	广告设计	
	其他咨询服务	
宣传推广费	报纸广告	
	电视广告	
	户外广告	
	网络广告	
	杂志广告	
	直邮广告	
	电台广告	
	其他广告	
招商道具费	模型制作	
	宣传片制作	
	物料制作	
	礼品制作	
	其他制作类	

续表

费用科目	分项	预算金额	
活动费	展销活动		
	促销活动		
	开盘及加推活动		
	入伙活动		
	其他活动		
现场包装费	招商部软装采购		
	样板间软装采购		
	示范区包装		
	园艺绿植采购		
招商管理费用	招商底薪		
	招商佣金		
	电话费		
	办公用品		
	其他(网络费、桶装水费用等)		
其他	交通费		
	招待费		
	权证办理费		
招商费用总计(万元)		招商面积(m²)	
项目招商金额(万元)		招商费用占比	

招商费用构成明细说明   表 13-2

一级	二级	三级	注　释
招商费用	咨询服务费	前期顾问	
		招商代理	
		广告设计	
		其他咨询服务	
	宣传推广费	报纸广告	包括软件性文章广告和硬件广告
		电视广告	
		户外广告	包括户外大牌、公交站牌广告、车体广告等
		网络广告	包括本项目网站建设费用、其他网站广告费用
		杂志广告	
		直邮广告	
		电台广告	
		其他广告	
	招商道具费	模型制作	包括区域沙盘、项目沙盘、户型模型等
		宣传片制作	包括招商短片、效果图等制作费用
		物料制作	包括招商现场所发放的宣传资料的制作费用

续表

一级	二级	三级	注　释
招商费用	招商道具费	礼品制作	指T恤、雨伞等招商礼品或纪念品的制作费用
		其他制作类	指电子屏幕、广告机
	活动费	展销活动	参加房展会、举办推介会及租赁商业场所设立展位所发生的费用
		促销活动	为举行促销活动所发生的演艺费、场地费、资料费、礼品发送的管理费等
		开盘及加推活动	包括开盘或加推时组织准备的一切相关活动费用
		入伙活动	包括入伙时组织准备的一切相关活动费用
		其他活动	
	现场包装费	招商中心软装采购	包含家私、加点、饰品等费用
		样板间软装采购	
		示范区包装	
		园艺绿植采购	
	招商中心管理费用	招商顾问底薪	
		置业招商顾问佣金	
		电话费	
		办公用品	
		其他	网络费、桶装水费用等
	其他	交通费	
		招待费	
		权证办理费	

13.2　推　广　渠　道

推广渠道也叫推广媒介，就是通过一定形式而将项目进行广而告之的媒介。推广渠道可分为线上渠道和线下渠道。

13.2.1　线上渠道

（1）网络渠道

准备项目软文，在官网、专业网站、博客、微博、软文、百度下拉框吸引大量人流关注，通过大量的曝光以扩大知名度。

（2）自媒体

如今自媒体、公众号已经被大家接受及追捧，好的自媒体及公众号其人流量极其高，能够快速扩大知名度。

13.2.2　线下渠道

（1）人员拜访渠道

招商人员主动搜集寻找目标客户定点宣讲，通过直接上门拜访宣讲，项目可以最直接、有效地得到推广，并且可以了解客户对项目的态度和反应，能最快地做出相应的调整，且成本低，反馈率高。

（2）电话渠道

AI智能机器人呼叫及人工客服跟进开发，电话咨询客服是否有租赁意向，租赁需求，关注点。

（3）圈子渠道

通过编写软文、广告语，发送到同行朋友圈、微信群、QQ群等，利用其他同行接触客户，增加项目曝光度；也可发送到商会、协会中，增加其他圈层的曝光度，增加项目在行业内或圈子内外的知名度。

（4）活动渠道

举办各种商业活动、文化活动，邀约知名企业领导参加，同时宣传项目情况，最直接的感受、体验项目设施设备的运行情况，加深对项目的直观感受，最大程度的展示项目风采，并且配合活动的纪念品可印上项目名称、二维码，方便客户今后联系（表 13-3、表 13-4）。

项目广告设计任务书　　　　　　　　　　　　　　　表 13-3

日期：

设计任务书	Project Request
项目名称：	
设计内容：	
设计要求：	
设计目的：	
设计宣传推广重点：	

完成时间要求			
甲方对接人签字		供方对接人签字	

营销渠道推广方式　　　　　　　　　　　　　　　表 13-4

媒介渠道	推广方式
微信	做重点投入；利用员工资源扩大信息群，特别在重大节点投放兼顾关系维护
户外	不做重点投入，利用户外大牌保持大盘形象和区域户外拦截、开盘时利用候车亭保持市场关注

媒介渠道	推广方式
网络	持续炒作、结合门户网站商业房交会、微信推广等做持续网络推广
短信	费效比高的投放渠道,根据销售节点在区域内做定点投放
公关活动	以高品质圈层活动作为推广主力,锁定关系客户、内部客户及其朋友圈层
行销	根据市场情况及销售节点适时"走出去"以企业宣讲、摆展、电话营销的形式扩大知晓面
商家联动	跨界营销精准打击目标客户

13.3 推广活动

推广活动可利用开发商自身或社会环境中的重大事件、纪念日、节日等举办各种仪式、庆祝会和纪念活动等。可以起到渲染气氛,吸引公众的注意力,强化项目的影响力,显示企业强大的实力,以增加目标客户对企业及项目的信任感;提高企业及项目知名度和美誉度,间接促进成交。

13.3.1 推广活动的种类

推广活动是房地产开发企业最重要的营销手段之一,区域总部大楼的推广活动更是项目招商成功的关键环节之一,活动举办的好坏直接影响项目客群的接受度和受众面。区域总部大楼的推广活动主要包括:奠基仪式、巡展宣讲、入驻签约仪式、竣工启用仪式、揭牌仪式等活动。

(1)奠基仪式:取得项目土地手续后破土动工时举行。

(2)巡展宣讲:项目已进入施工阶段,图纸已确定,招商物料已设计制作完成,有一定的招商场地,而对目标锁定客户进行定点宣讲。

(3)入驻签约仪式:项目施工进入某阶段后,招商已取得一定的成果,主力客户和场所已落实而进行的庆典活动。

(4)竣工启用仪式:项目竣工验收后而举办的一次项目庆典。

(5)揭牌仪式:签约入驻单位装修后进场办公时举办,以吸引人气促进招商。

13.3.2 推广活动的准备工作

(1)根据制定的推广活动计划表,合理安排活动节点、工作人员分工,引导客户来访、登记信息。安排媒体落位,方便记录活动信息。

(2)推广活动所需物品准备,包括桌椅、活动餐点、资料(折页、手册);现场的布置。

(3)活动结束后物资的整理、归还、存放,同时将收集到的客户资料存档,还原活动现场。

13.3.3 推广活动实施

(1)活动当天控制好现场,维护现场秩序,使活动有序开展。

(2)活动结束后,督促媒体发表活动内容。

（3）最终的目的是通过举办各种活动，如艺术展览、高端行业交流会，邀请优秀企业家参加，增加行业内知名度，从而促进项目租赁成交。

样本：总部大楼项目推广执行活动

线上：

1. 高效率管理和运作微信官方平台，贴合项目内核优势及实时热点、区域新闻进行话题炒作，持续打响推广定位——"未来核心——四项全能 CBD"。

2. 百度 SEO 优化，对相关论坛、贴吧、百度知道及已有的线上平台进行话题铺排，提升搜索引擎优化，便于客户对信息渠道的快速掌握。

3. 对新闻媒介渠道进行覆盖，对写字楼相关门户网站以及对应的新闻网站进行新闻投放，通过不同的媒介物，对线上形成渠道覆盖。

4. 开展线上互动，抽选参与者赠送有价值的礼品，也可引导至线下全程天府新区秦皇寺 CBD 行政接待级陪同游等，引导出"未来核心"的受众意识。

5. 系列话题炒作——中建集团西南大动作，通过对中建集团经典工程的回顾（如水立方、上海环球金融中心等），推广中建西南总部大楼的优质条件和经济价值。

线上一：微信官方平台运营

1. 以"四项全能"为核心价值进行推广，通过贴合热点等形式，推送中建西南总部大楼硬件优势、软件优势、配套优势和区域优势。

稿件示意：

《问：中建集团建筑质量要求有多高》

《如果在足够优质办公环境下，能激发你多大的潜能》

《上班间隙喝杯咖啡，下班下楼逛逛商场》

《睿智眼光——天府新区未来几何》

2. 可根据节点增加与粉丝之间的互动，制定线上 H5 小游戏等互动方式，不仅可以增加项目曝光、增加粉丝数量，也可以作为粉丝维系，增加粉丝黏性。

3. 制作"飞机稿"，紧扣中建西南总部大楼内核价值。

线上二：百度 SEO 优化

1. 分进度对相关论坛、贴吧、百度知道及已有的线上平台进行"刷帖、刷楼"等工作，营造中建西南总部大楼的优秀形象。

2. 定期对相关论坛、贴吧、百度知道及已有的线上平台进行舆论排除，对相关回复进行引导，维护中建集团形象。

线上三：渠道覆盖

1. 通过新浪、搜房、搜狐焦点、四川新闻网、写字楼网等各类线上媒介，通过撰写新闻稿件，投放相关门户网站，向客群传达中建西南总部大楼动向，拓展和覆盖各种不同渠道，使中建西南总部大楼形成媒介优势。

2. 对各线上媒介进行管理和控制工作，及时反馈用户需求，利用媒介优势引导客群了解中建西南总部大楼所蕴含的巨大价值。

3. 定期对渠道进行拓展，甄别门户网站的信息普及情况和现状，及时制定并执行渠道覆盖。

线上四：线上有奖讨论"你心中的新城畅想"

1. 通过官方平台发布有奖讨论相关信息，引导受众参与讨论。

2. 收集和整理所获的讨论形成报告，作为市场调查的一部分。

3. 通过分析报告内容了解受众核心需求。

完善有奖讨论后期工作，对获奖参与者进行赠送有价值的礼品、全程天府新区秦皇寺CBD 行政接待级陪同游等奖励，事后收集感想。

线上五：话题炒作♯中建集团西南大动作♯

1. 通过累积推送和朋友圈"病毒式"转发，推广"中建集团西南大动作"话题。

2. 回顾中建集团经典案例，对中建集团旗下产品优势进行分析，从而引导向成都中建西南总部大楼的优秀之处。

3. 事后对话题炒作中反响较好的部分进行总结，以规划下一阶段的推广活动。

线下：

1. 在成都市内进行公关活动，例如组织举办商业演出、线下宣讲会、高校讲座等，在大众范围内深植中建集团优秀品牌价值的潜意识。

2. 在秦皇寺 CBD 区域内向原住民或新住户进行一定规模的福利派送活动，影响区域风向，树立受众区域地标意识。

13.4 推广评估

推广后评估是对项目推广方案落实及执行管理过程中的经验及教训进行总结，在每年年末进行推广后评估，其结果在下个年度招商推广报告中进行阐述，可以对整体推广方案进行纠偏。

区域总部大楼项目作为城市综合体，理论上偏重于商业性质，而区域总部大楼项目推广的目的是为了引导树立潜在客户对项目的信心，重要的一点是给目标客户留有自己思考的空间。围绕这个出发点，各种推广活动、使用的各种推广手法，目的是使客户主动思考，增强对项目的信心，这也是项目推广效果的重要评估方向。

推广方案实施后，应安排专人负责跟踪调查项目推广宣传的效果，做好客户来电、来访、信息来源的统计、分析工作。具体包括：制定推广评估表，登记来电来访途径；通过来电量、来访量倒推推广效果；通过推广后的成交量倒推推广效果。

项目开发完成后，对项目的招商推广计划、推广费用计划预算、费用执行情况和推广效果进行综合评估，报公司审批同意后，可作为项目后评估的重要组成部分，也可以作为开发商开发其他项目推广的参考资料（表 13-5）。

招商推广类供方考核评价表　　　　　　　表 13-5

意见表编号：＿＿＿＿＿＿＿＿＿　　　　　考核日期：＿＿＿＿＿＿＿＿＿

供方名称			
承供服务概况	项目名称		
	合同名称	合同额	
	承供服务范围		
	履约期	质量标准	

续表

考核内容	1. 工期履约:□提前完成　□准时完成　□稍有延误 　　　　　□严重延误 2. 专业水平:□良好　□一般　□尚可　□较差 3. 配合程度:□良好　□一般　□尚可　□较差 4. 细致程度:□良好　□一般　□尚可　□较差 5. 服务成果(销售业绩)评价□良好　□一般　□尚可　□较差 6. 服务态度评价□良好　□一般　□尚可　□较差 7. 创新性建议评价□良好　□一般　□尚可　□较差 8. 服务团队评价□良好　□一般　□尚可　□较差 9. 其他□良好　□一般　□尚可　□较差 ("尚可"及"较差"取消其试用供方资格)
参加考核 人员签名	
领导审批	

填表人:＿＿＿＿＿＿＿＿　　日期:＿＿＿＿＿＿＿＿

本 章 小 结

项目推广的目标就是在一定时间段内,对特定目标消费者所要完成的沟通任务和销售、租赁任务。通过推广,把项目的形象、主题、特质深入消费者心里。由于项目推广的特殊性,推广重点阶段不同,推广渠道不同。推广的重点阶段不同,是因为产品的属性不同,卖不同的东西说法不同,说的重点和方式也不同,做的方式也有所区别。这些不同的根本原因是由于目标客户群的购买心理和动机的不同。因此产品决定客户,客户决定推广。

14

招 商 管 理

　　招商，即招揽商户，是指发包方将自己的服务、产品面向一定范围进行发布，以招募商户共同发展，招商工作首先应确定目标，包括招商进度节点、业态面积及比例、租金范围、招商渠道模式等内容，制定适合项目的招商计划，才能高效地进行招商活动。本章通过介绍中建西南总部大楼项目的招商活动，从招商策划、招商渠道、价格体系、案场管理以及客户开发五个渠道进行切入，深入探索项目招商管理的实践经验。

　　本章具体内容如图 14-1 所示。

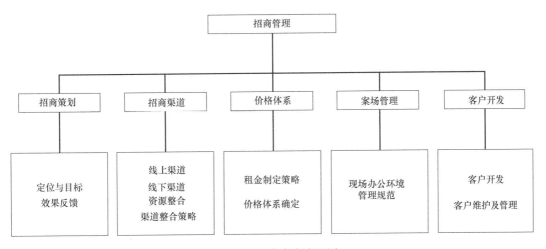

图 14-1　本章内容流程图

14.1　招 商 策 划

　　招商策划是运用招商人员的知识和智慧，筹划一系列的活动去吸引外来资金项目落户的活动。本区域总部大楼项目采用"六位合一"的招商策略和大比例自主招商的模式，有助于提高项目品质和节约成本（图 14-2、图 14-3）。

14.1.1　定位与目标

　　（1）明确定位

　　首先要了解自身项目定位情况，即各种业态的比例、面积、价格，如写字楼、商业、酒店整体体量，配套设施的比例等内容。

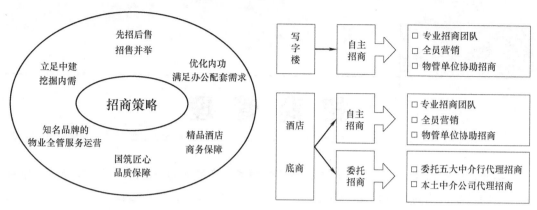

图 14-2　区域总部大楼项目总体招商策略　　　　图 14-3　区域总部大楼项目招商模式

其次要了解客群对象需求。200m² 以下写字楼客户多以微小型企业为主，更多关注写字楼成本，如租金、物业、水电费、加班费、是否需要装修；周边配套设施如：用餐是否方便，企业客户拜访酒店是否配备，是否有宴请客户的合适餐饮；交通是否方便员工上下班等。可以多关注如创客、侠客岛等办公形式，出租办公位方式。1000m² 左右的写字楼客户，更注重企业形象，写字楼品质。关注点不同招商方向也不相同，也可采用分租或包租形式，外包给其他租赁公司。

（2）确定目标

招商策划是招商全过程的第一步，确立招商目标又是招商策划的第一步，这一阶段十分关键。只有招商目标确定了，未来的策划工作才能有的放矢地进行。其中，目标的确定包括三个方面：要达到的目标是什么；围绕目标开展的后续工作是什么；目标实现与否（表 14-1、图 14-4～图 14-6）。

区域总部大楼项目招商目标节点　　　　　　　　　　　表 14-1

时间节点	2017 年 6 月 30 日	2017 年 12 月 31 日	2018 年 9 月 30 日	2018 年 12 月 31 日	2019 年 6 月 30 日	2019 年 12 月 31 日	2020 年 12 月 31 日	2022 年 12 月 31 日
写字楼	招商启动		入伙	招商完成 50%		招商完成 60%	招商完成 70%	招商完成 90%
酒店	意向运营商确定		入伙	招商完成 50%	开业			整体销售完成
底商		招商启动	入伙	招商完成 50%	主力店开业	招商完成 90%	销售完成 50%	销售完成 95%

（3）计划编制

区域总部大楼项目在制定招商计划时，首先要考虑招商对象的特殊性，在策划时一定要注意项目招商的战略高度把握。

1）区域总部大楼项目的总部产业链协商招商

项目招商的目标对象最好具有业链属性，招商入驻的单位必须符合总部产业链协商发展的特点，这样招商对象在竞争的氛围中相互支持配套发展。在编制策划方案时一定要考虑招商对象处于产业链的上游、中端还是下游，方便招商的整合。

2）区域总部大楼项目生态经济圈协商招商

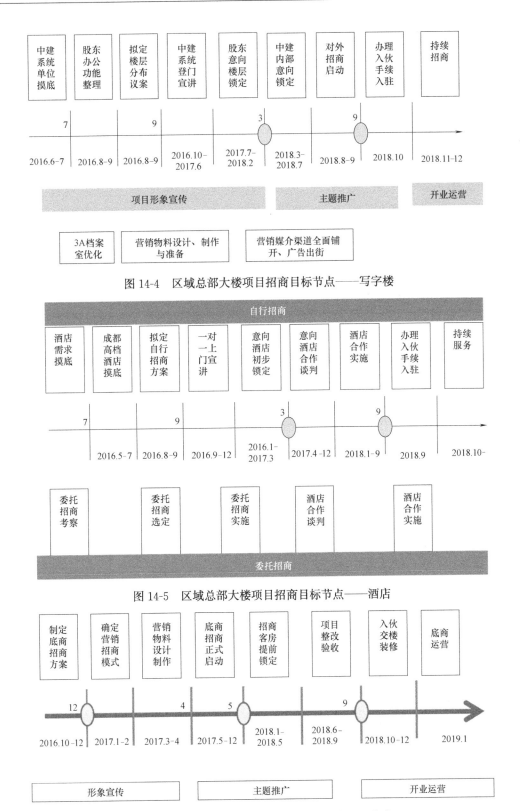

图 14-4　区域总部大楼项目招商目标节点——写字楼

图 14-5　区域总部大楼项目招商目标节点——酒店

图 14-6　区域总部大楼项目招商目标节点——底商

做招商策划时，一定要综合考虑入驻单位所属行业的生态经济圈问题，一是考虑客户所属行业与其他行业的互补性，二是强强联合，将入驻单位资源整合，一起入驻、共同进退、组团发展，打造入驻企业生态经济圈。

3）区域总部大楼项目的政府协同招商

在做区域总部大楼招商策划时，一定要考虑政府因素，借助政府平台和相关资源，考虑一定的产业发展基金、投资补贴、税费减免、创业补贴，更加方便与客户联络对接。将区域总部大楼委托政府协同招商，可起到事半功倍的效果。

14.1.2 效果反馈

招商策划方案付诸实施后，还需注意实施效果的反馈，其内容主要表现在以下几个方面：

（1）主动征询和收集外方（他方）对整个招商方案（如招商会）的意见。在外商或他人眼里，本次招商活动成功的地方在哪里？需要改进和注意的地方在哪里？通过收集反馈意见，为以后进行类似的招商策划和制订招商方案提供借鉴。

（2）对在招商活动中捕捉到的信息要继续跟踪，对新接触的外商要保持联系，不要出现招商会一结束，信息和来往就随之终止的局面。对有意向的合作项目，要在方案实施之后创造条件促其尽快签约。

（3）对在招商活动中已签约的项目要加快立项和报批工作，促使项目尽早上马，外资尽快到位，使合作项目进入实质性的实施和建设阶段。

（4）对"如何做好方案实施后的跟踪反馈工作"也应制订相应的方案，分工到人，明确职责，并定期检查跟踪、反馈工作的成效。

样本：招商策划报告

招商策划一般形成文字成果，变成招商策划报告。招商策划报告一般包括以下内容：

第一部分 前言

策划书目的及目标的说明。

第二部分 市场调研及分析

一、行业动态调研及分析

1. 行业饱和程度。

2. 行业发展前景。

3. 国家政策影响。

4. 行业技术及相关技术发展。

5. 社会环境。

6. 其他因素。

二、企业内部调研及分析

1. 财务状况，财务支出结构。

2. 企业生产能力，产品质量，生产水平。

3. 员工能力，待遇，公司对员工的激励、考核、培训（员工调查）。

4. 企业策划、销售、执行能力的调研（员工意见）。

5. 产品各品项研究：定位、包装、价格、市场目标受众、竞争优势（员工意见）。

三、现有竞品的调研及分析。

1. 财务状况，财务支出结构。

2. 企业生产能力，产品质量，生产水品。

3. 员工能力，待遇，公司对员工的激励、考核、培训（员工调查）。

4. 企业策划、销售、执行能力的调研（员工意见）。

5. 产品各品项研究：定位、包装、价格、市场目标受众、竞争优势（员工＆顾客意见）。

四、消费者调研及分析。

1. 消费者背景研究：收入、教育、年龄、性别、家庭组成、种族、工作等。

2. 消费者对产品和竞品的认知及态度：质量、价值、包装、型号、品牌声誉、品牌形象等及其认知差别。

3. 消费者的使用情况：购买动机、购买量、何时使用、如何使用等。

4. 购买角色。

5. 消费者对现有营销活动的评价。对广告的接受程度、对营业推广的理解等。

第三部分　项目产品策略及招商策略的制定

1. 产品。

（1）品项：市场定位、目标受众（打击竞品的专有品项）。

（2）包装：陈列显著、方便、符合产品定位、价格等。

2. 价格。

（1）是否符合企业战略（长线产品/短线投资）。

（2）是否符合产品定位。

1）利润为主/市场占有率为主

2）根据产品市场定位不同，采取不同价格策略。

3）保留一支低利润甚至无利润产品，该品项各种市场表现（如包装宣传诉求点等）模仿主要竞争对手，以破坏其市场及形象。

3. 渠道。

（1）一般通路。对经销商的选择、管理控制、返点等。

（2）特通。由于产品特性及价格不同，我们可以选择哪些特殊通道，以便它的目标客户能够便利的获得该产品。

（3）新终端开发队伍。

（4）直营队伍。对于一些特殊情况，如经销商的流失，直营队伍暂时性的弥补空白市场。

（5）客户数据库的管理。业代前期市场推广积累的客户资料及经销商自身对终端的开发，这些终端资料应当及时地通过业代以书面的形式提交公司。公司对这些资料的管理可以避免因业代及经销商的流失而造成的终端流失。

4. 促销。

（1）广告：诉求点。

（2）人员推销。

1）人员的培训。

2）人员的岗位界定。

3）人员的考核。

4）人员的激励。

（3）营业推广。

1）对顾客。①稳定主打产品价格；②对品牌的宣传。

2）对零售商。稳定价格，保证促销后价格能够恢复，销量得以维持；或者在短时间内抢先占领货架。

3）对中间商。尽量减少短期大力度促销活动，一方面会破坏市场，影响终端价格体系，另一方面经销商对终端很可能没有落实，从中截取，成为其"灰色收入"。

4）公共关系。事件营销：把握正确的营销事件。直接告知消费者的营销事件应当包含消费者利益点，并且该信息是以直接明了的方式告知消费者利益点的。

5. 招商策略：

第四部分 具体执行与实施（建议方案）

一、产品优化。

二、价格策划。

三、渠道策划。

四、推广策划。

五、招商管理。

第五部分结束语

14.2 招 商 渠 道

招商渠道丰富多样，招商实际执行中单独使用一种渠道的偏少，基本上是多种渠道的组合运用。根据招商实施的媒介不同，招商渠道可分为线上渠道和线下渠道。根据实施的方式不同，招商渠道有网络轰炸、扫楼、巡展、大客户拓展。对区域总部大楼项目而言，其招商对象主要为写字楼、酒店和配套底商，此类项目在招商渠道上主要有网络轰炸、资源整合、大客户拓展。

14.2.1 线上渠道

（1）门户网站渠道

通过在写字楼出租网、房天下等招商平台上发布写字楼信息，具体包括写字楼基本数据（层高、面积、硬件配比、停车位、电梯、空调等）、租金、物业费以及联系电话，吸引潜在客户。

（2）微信（QQ）渠道

通过同行微信群，QQ群发布招商信息，让同行朋友介绍客户。

14.2.2 线下渠道

（1）主动寻找、上门拜访客户。

（2）与中介商合作，签订渠道协议，借用代理商的资源，通过中介门店介绍客户，通过中间商来寻找客户，促进招商。

（3）通过维护老客户，使得老客户介绍新客户。

14.2.3 资源整合

区域总部大楼招商的产品对象较多，有商业、写字楼、酒店，招商对象的多样性决定了招商渠道实施的丰富性和繁杂性。因此招商渠道的资源整合就显得尤其重要。

（1）写字楼

以大客户拓展为主，重点跟进潜在客户的招商，部分可委托专业咨询中介机构，主要以主力客户的招商为主，以配套产业的招商为辅。招商时，收集整理同行业企业资料，点对点对接，重点跟进，在项目实施前签订框架协议，项目实施后签订正式租赁合同。同时与中介咨询公司合作，全面启用招商，确定重要入驻客户。在项目交付后利用物业公司、中介行和自身客户共同招商。

（2）公寓酒店

主要的招商渠道有线上渠道、线下扫街、巡展、主动出击、中介协助等。针对区域总部大楼的配套酒店，招商渠道一般采取主动出击和中介协助相结合的方式。主动出击为直接联系酒店资源商，寻找酒店投资人和品牌合作商，做好两者的协调沟通，完成酒店招商签约。利用中介平台，寻找国内外知名品牌商，结合国内投资商渠道，完成项目的酒店招商。

（3）配套商业及其他

服务总部大楼商务办公为主的商业，其招商对象重在餐饮配套，招商渠道以中介咨询机构为主，借用专业中介的门店，扩大招商范围，在项目启动后强力招商，在项目竣工后可用现场招商方式招商。

14.2.4 渠道整合策略

（1）梦想招商

总部基地，产供销全产业链服务。

（2）系统招商

业态组合，共谋发展。

（3）机会招商

业态丰富，每种业态体量不大，数量有限。

（4）理念招商

传播一种理念，商户成生态链协同发展。

（5）品牌招商

品牌招商以龙头企业、行业内知名品牌为主，以外地品牌、产品在各地区的一般产品为辅。规模影响力大的市场，引进一些大品牌，如世界品牌、国内顶尖品牌等。

（6）产品招商

产品导向型一般倾向于一些在资金、渠道、背景方面有显著优势的企业。

（7）人脉招商

利用关联企业业务关系，将不同类型又属于同一系统的公司客户招致旗下；公关权威机构，为产品公关谋求更多的社会资源。

（8）区域招商

在区域范围内进行招商，分析潜在客户和自身的招商战略，什么地方建子分公司，什么地方设代理、什么地方建样板市场。

（9）垄断招商

制造市场的稀缺性，实力、技术、价格独一无二。在市场上具有人无我有，人有我优的独特卖点和核心竞争力。

（10）人格魅力招商

人格魅力招商需要企业领导人具有独特魅力，例如马云、乔布斯等。

（11）新商业模式招商

互联网＋××产业实现新商业价值，顺应趋势、整合资源实现共赢的招商。

本项目地处天府新区，周边目前人流车流量小。商务氛围暂无，中交中铁项目正在建设中。针对本项目的主力客户群特点，本着开源节流思想将拓展以下营销通路：

样本：总部大楼项目招商策划卓有成效

本项目采用招商前置，尽量减少项目建设结束物业空置的时间，提高项目收益。招商全过程中，采取了以下一些措施：

1. 全面调研，做好项目招商策划

2016年4月，招商团队进场后，组织召开5次营销专题会，对成都公寓、办公写字楼、酒店、零售商业、政策、土地市场的市场调研和全面摸底，结合天府新区的远景规划和现在配套实施情况，编写并制定项目年度营销策划报告，对写字楼、酒店、底商的招商做了重点策划和安排，编制了较为完善的租售价格体系和优惠方案。

2. 主力店先行，完成酒店、银行招商

对四川知名的100多个酒店品牌进行资料收集，重点对成都市场上38家4星级以上的酒店进行了走访与沟通，从中筛选出有合作意向的品牌酒店15个，先后三次组织消费者和使用客户进行了实际考察，从装修、硬件配套、品牌、服务、卫生等方面评价打分，推荐评分前5名报董事会审议，确定入驻酒店品牌。同时利用项目融资和建设银行建立的良好合作关系，敲定入驻银行。

3. 股东引领，带动中建相关单位入驻

中建西南总部大楼开发项目在建设期间，多次与各股东单位沟通，确定入驻楼层，起到引领作用。充分利用公司各层级领导资源，发动公司全员参与招商，同时合理的品牌，价格定位对中建在蓉单位入驻也有较大的吸引作用。截至2018年12月31日，公司实现写字楼和商业招商均过80％的目标，超额完成公司董事会下达的建设期招商目标。

14.3 价格体系

价格体系又称价格结构。在一些经济学家看来，市场是调节经济最有效的手段，而价格是信号灯。价格体系是指一个国家或地区内各种商品、服务和生产要素的价格相互关联的有机整体，体现了各种价格之间联系、相互制约的内在关系。从用途和对象上分，价格体系包括租赁价格、销售价格、车位租售价格。从使用范围上，价格体系分为基准价，控制价、出街价以及价格的优惠权限和优惠方式等。

14.3.1 租金制定策略

在制定租金阶段，存在以下三方面的问题：回款速度、租金以及与周边项目。上述三个问题反映了企业自身盈利多少和租金对租客吸引程度的矛盾，故在租金制定时，需要将两者权衡。

中建西南总部大楼项目的总体租金策略如下：

（1）基本上所有的主力商户，都认可"放水养鱼"的概念。前期招商收益不以收取高额租金为目的，而是靠各种手段吸引商户入驻；

（2）前期租金低，免租期长，后期租金增长的空间更大，商铺租金价格升值更明显，从而利于项目后续物业取得更大收益；

（3）自持物业，更要注重运营，前期优惠的招商政策和商务条件，是为了吸引更多优质的商家进驻，后期通过良好的运营，实现更高的年租金递增率从而达到更高的投资回报；

（4）对酒店物业，更应如此，一则避免前期酒店高额装修费用的投入，在保证办公商务住宿需求的同时，后期也可以取得一定的租金收益。

14.3.2 价格体系确定

租金制定是个复杂的过程，租金体系也是一个复杂的体系，要根据市场原则来确定。

（1）写字楼租金基准价制定

写字楼租金的价格根据面积不同，楼层不同，是否精装，租金价格不同。一般写字楼租金分布规律是：楼层越低价格越低，楼层越高价格相应变高；租金价格与面积可能成反比，面积小的每平方米的租金高一些；精装比清水的租金价格高。对内、外客户实行差异化价格标准，做成租金基准价、股东价、内部价、对外价、优惠价、控制价，优惠方案等一套完整的价格体系。

（2）商业租金制定

商业租金针对不同的招商时段分别制定不同的价格标准，做成租金基准价、对外价、优惠价、控制价、优惠方案等一套完整的价格体系。

（3）公寓酒店租金制定

可根据营业额确定提成的租赁租金标准，也可根据市场行情确定租赁水平及涨幅标准，还有可结合二者形成新的租金方式，不同交楼标准制定不同的价格标准，做成租金基准价、毛坯、清水、设备齐全的租金价、对外价、优惠价、控制价及优惠方案等一套完整的价格体系（表14-2）。

项目租赁价格表 表 14-2

楼层	栋号							
	业态功能							
	房号							
	编号							
1	面积(m²)							
	内控价(元/m²)							
	出街价(元/m²)							
2	面积(m²)							
	内控价(元/m²)							
	出街价(元/m²)							
3	面积(m²)							
	内控价(元/m²)							
	出街价(元/m²)							
4	面积(m²)							
	内控价(元/m²)							
	出街价(元/m²)							
5	面积(m²)							
	内控价(元/m²)							
	出街价(元/m²)							
6	面积(m²)							
	内控价(元/m²)							
	出街价(元/m²)							
7	面积(m²)							
	内控价(元/m²)							
	出街价(元/m²)							

14.4 案 场 管 理

现场办公环境管理规范

（1）物资管理

模型、楼书、招商手册、折页、DM 单的摆放及管理。招商道具要及时更换，确保传递最新最准确的信息，讲究品质，专物专放，摆放整齐，干净整洁，完好无损。办公用品、用具须保证正常使用功能，电话、招商手册等要摆放有序；如果有事离开，招商手册等内部资料不能随手乱放，以免内部信息外泄或丢失。植物和软饰定期进行更换调整，节日时要营造节日氛围。指示牌等标识系统内容的设置要直观明了、功能齐全，并与项目定位相匹配。

（2）招商行为管理

1）仪容仪表

着装整洁，仪表大方，精神状态饱满，女员工着淡妆，不涂夸张指甲油。

2）举止谈吐

站姿：头部端正，面露微笑，目视前方，双肩平稳，腰板挺直，双脚适当分开，双腿笔直，双手可自然下垂或交叉身后。

语言：谈吐文雅，言简意赅，不卑不亢，忌用粗话、脏话。采用普通话交流，如顾客讲方言，可以讲相同方言。与客人交谈宜保持 60～120cm 的距离，不可东张西望或心不在焉。

倾听：认真倾听，热情有礼。不得中途打断客户的谈话或生硬地插话。

回答：客户提问时，回答要肯定、机智，不得有不礼貌或过激的语言。

表情：与客户接触过程中始终保持微笑，随时关注对方的表情变化，目光柔和地平视对方，热情、自信、优雅。

（3）接待礼仪

微笑礼貌，注意使用礼貌用语和保持礼仪姿态；诚恳待人，与客户的约定必须严格遵守；耐心细致的倾听客户要求，并讲解和答疑。

14.5　客　户　开　发

区域总部大楼项目由于功能较多，业态繁杂，因此招商的客户类型较多，客户数量较为庞大。因此做好招商客户的开发工作，在区域总部大楼项目的招商工作中尤其重要。

14.5.1　客户开发

客户开发包括客户的拓展、客户的再生。客户拓展包括通过扫街、巡展、点对点出击、中介带客等形式拓展招商客户资源，包括：

寻找客户，通过同行微信群，QQ 群发布租赁信息，让同行介绍客户；

维护老客户，使得老客户介绍新客户；

上门拜访客户，介绍项目具体情况，分析优劣势；

与渠道合作，签订渠道协议，通过中介门店介绍客户。

通过以上方法在不断寻找、开发客户的同时，招商人员要做好充分的准备，如待接客户的购买特征、可能出现的问题、招商手册资料的准备等。在与客户交流过程中，引起客户的注意，激发客户对产品的兴趣，并留给客户良好的印象。

14.5.2　客户维护及管理

（1）未成交客户

通过电话或到访接待后，及时回访客户，向客户更新招商信息，过年过节发送祝福短信。通过不断的接触、交流沟通，把项目特色和客户实际需求结合起来，在向客户传递产品细节的同时，根据客户的情绪随机应变，消除客户的顾虑，强化客户的租赁欲望，直至成交。

（2）成交客户

随时注意入驻客户反馈，解决客户合理需求，如前期入驻时对出现的各种情况，耐心解答；入驻使用后可能会出现公司注册地址变化，此时应积极配合提供相应资料。良好的售后服务会提升老客户满意度，提升口碑，使得老客户主动为产品宣传，促成老客户带来新客户（表 14-3～表 14-5）。

赁房屋调整申请表 表 14-3

客户名称		身份证号/营业执照号			
楼层房号		建筑面积		定租日期	
单价		商务条件		已付款	
跟换房号		建筑面积		原功能业态	
单价		商务条件		现功能业态	
换房原因					
客户承诺	从本人换房申请递交之日起,贵司可对该物业另行处理,本人无任何异议。本人承诺因换房产生的任何后果,由本人自行负责,与贵司无关				
客户签字确认				申请日期	
应收回单据及编号					
项目招商意见					
财务部复核					
分管领导审核					
公司领导审批					

退租申请表 表 14-4

客户名称		营业执照			
房号		建筑面积		租赁到期日期	
单价		商务条款		已付款情况	
退款金额		大写:		小写:¥	
退租原因					
客户承诺	从本人退租申请递交之日起,贵司可对该物业另行处理,本人对退租无任何异议。本人承诺因退租产生的任何后果,由本人自行负责,与贵司无关				
客户签字确认				申请日期	
应收回单据及编号					
客服部意见					
运营部审核					
招商部审核					
财务资金部审核					
分管领导审批					
公司领导签批					

退款审批表 表 14-5

客户名称		联系电话	
租赁房号		退款原因	
租赁保证金		退款批复文件	
款项名称		违约金	
款项金额		应扣除额	
退款金额			
退款原因			
退款凭证及编号			
客户收款 银行信息	银行卡号：		开户行：
客户签字		客服专员审核	
客服部意见			
财务部意见			
分管领导审核			
公司主管领导签批			

本 章 小 结

　　招商，即招揽商户，是指发包方将自己的服务、产品面向一定范围进行发布，以招募商户共同发展。招商工作首先应确定目标，包括招商进度节点、业态面积及比例、租金范围、招商渠道模式等内容，制定适合项目的招商计划，才能高效地进行招商活动。

　　本章采用理论与项目实际相结合的方式，对招商过程中的策略选取、渠道整合、价格确定、案场管理等内容进行描述分析，明确招商的重要性，提供相关技巧指导。

　　中建西南总部大楼项目主要采用自主招商模式，节省了中介代理费用。公司结合中建西南总部大楼功能定位，积极借用中建西南区域总部平台优势，采取全员招商模式，全面摸排中建驻蓉单位重点圈层，精准招商，对重点意向客户进行有效对接，顺利完成了中建西南总部大楼系统单位的招商进驻任务。

15 物 业 管 理

物业管理是指由业主选聘的物业服务企业，根据物业服务合同的约定，对房屋及配套的设施设备和相关场地进行维修、养护、管理，维护物业管理区域内的环境卫生和相关秩序的活动。物业管理融管理、服务、经营于一体，本章将介绍中建西南总部大楼项目的物业管理方式，并对物业管理的服务内容、物业公司模式及选择、物业前期介入等内容进行展开。

本章具体内容如图 15-1 所示。

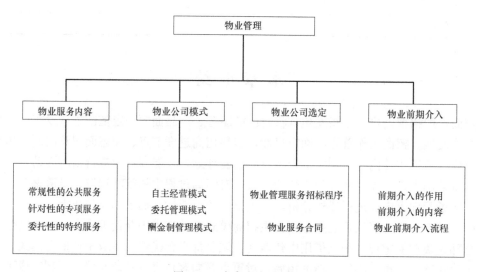

图 15-1　本章内容流程图

15.1　物业服务内容

物业服务，按照服务项目的性质不同可分为：常规性的公共服务、针对性的专项服务、委托性的特约服务。

15.1.1　常规性的公共服务

常规性的公共服务指物业管理中公共性的管理和服务工作，是指物业服务企业面向所有业主、物业使用人提供的最基本的管理和服务，目的是确保物业的完好与正常使用，保证正常的生活工作秩序和净化、美化生活工作环境。

160

样本：总部大楼项目常规性物业服务

在识别项目客户服务需求，确立项目服务定位基础上，本着"有态度、有温度、有高度"的服务理念，开展客户服务工作。

（一）手续办理

1. 受理客户入伙、装修、入驻、迁离等手续办理，无特殊情况 24 小时内办理完毕。

2. 受理物业服务费、有偿服务费、车位月租费、空调加时费、水电气等代收代缴费用收取。

（二）问询接待

客户到访 3 分钟内响应接待。客户来电，铃响 3 声必须接听，统一应答："您好，××物业"。

（三）报修服务

客服中心接报后，维修人员 20 分钟入户维修。维修完成 2 小时内，对维修质量进行 100% 回访。

（四）投诉处理

受理客户投诉，填写《投诉处理单》，确定有效投诉性质及责任部门，并于当日进入投诉处理流程，有效投诉处理率 100%。投诉事件完成后，100% 进行投诉回访。

（五）报刊信函投递服务

1. 写字楼地下一层负责客户报刊及信函的代收与发放。

2. 在收到报刊与信函当日，商务大堂值班人员在规定的时间节点将其送至客户单位，早晨的报纸信函须在正常工作日 10：30 之前送达；中午的报纸信函须在 15：00 之前送达。

3. 周末接收的报刊信函应妥善保管，并统一于下礼拜一上午整理后送达客户单位。

（六）空置房管理

1. 建立空置房管理及巡查制度。

2. 空置房登记建档：每月对空置房房号、面积、状态等信息予以登记，每月更新。

3. 空置房巡检：各部门依据巡检计划对空置房进行巡查。巡查内容包括：空置房设施设备、清洁卫生两个方面。

4. 问题整改及验证：巡查的问题，由巡检人发起整改流程交由各相关责任部门限期整改，整改完成后，由巡检人现场验证关闭。

（七）档案管理

1. 建立档案管理以及档案查询制度。

2. 建立档案清册、设立专人进行档案管理。

3. 建立完善物业档案，包括物业竣工验收及物业服务共用部分承接验收档案（政府部门竣工验收证书及记录、共用设施设备竣工图、操作维修手册、备配件资料），共用设施设备台账和管理维修档案、客户资料档案、物业服务日常过程中形成的图纸、图表、文字、照片、影像、录音等文件材料。

15.1.2　针对性的专项服务

针对性的专项服务是物业服务企业面向广大业主和物业使用人，为满足一些住户、群体和单位的特定需要而提供的服务工作。特点是物业服务企业事先设立服务项目，并将服务内容与质量、收费标准公布，当使用人需要这种服务时，可以自行选择。

15.1.3　委托性的特约服务

委托性的特约服务指物业服务企业为满足业主，物业使用人的个性化需求，受其委托而提供的服务。通常指在物业服务合同未约定、物业服务企业在专项服务中也未设立，而业主、物业使用人又提出该方面需求的服务项目。

15.2　物业公司模式

物业公司的模式，依据管理对象、业务的不同，可分为自主经营模式、委托管理模式和酬金制模式三种。

15.2.1　自主经营模式

自主经营模式是指开发商或业主不将物业委托给专业的物业服务企业，而是由自己单位内部设立的物业管理部门来管理。自主经营型按其对物业的使用和经营方式不同分为自由自用型和自由出租型。

15.2.2　委托管理模式

委托管理模式是最典型、最基本的管理模式。这种管理模式是由开发商或业主采用招标或协议的方式选聘专业的物业服务企业。按物业是自用还是出租，委托管理模式分为两种：自用型委托和代理经营型委托。

15.2.3　酬金制管理模式

酬金制管理模式是目前有实力的大型开发投资商日益接受的一种管理模式。这种管理模式主要体现在酬金上，是由开发商兜底物业运营服务成本的一种全新模式，由物业公司输出劳务，实行费用预算管理，由物业公司在开发商的监督指导下进行的一种半委托形式的物业管理模式，由开发商或业主采用招标或协议的方式选聘专业的物业服务企业输出劳务，物业服务实现预定的成本控制和收益目标后获得一定的酬金作为物业服务公司的利润。

15.3　物业公司选定

物业服务企业，是指依法成立、具备专门资质并具有独立企业法人地位，依据物业服务合同从事物业管理相关活动的经济实体。《物业管理条例》对物业服务企业的选聘做出了明确规定，区域总部大楼也必须按照国家的有关法律法规招标选择项目的物业管理服务企业。

15.3.1　物业管理服务招标程序

一般来说，物业管理招标分为招标准备、招标实施和招标结束三个阶段。

（1）第一阶段：招标准备阶段

1）成立招标机构

业主若要通过招标来选聘物业服务企业，需成立招标机构。招标机构的主要职责为：拟定招标章程和招标文件；组织投标、开标、评标和定标；组织签订合同。

2）编制招标文件

在招标准备阶段，招标人应当根据物业管理项目的特点和需要，完成招标文件的编制。招标文件具有三个作用：告知投标人递交投标书的程序；阐明标的情况；明确评标准则及订立合同的条件等。

3）编制标底

标底是招标人为招标而计算出的一个合理的基本价格，其作用是作为招标人审核报价、评标和确定中标人的重要依据。

（2）第二阶段：招标实施阶段

1）发布招标公告或投标邀请书

招标公告应包括以下内容：招标单位名称；项目名称；项目地址；项目资金来源；招标目的；项目要求；购买招标文件的时间、地点和价格；投标截止时间和地点；开标时间、地点、联系电话。

2）组织资格预审

资格预审是对所有投标人的一项"粗选"。首先应组织相关人员，召开标前会议。其次就是开标、评标与定标，这是招标实施过程的关键环节，也是整个招标过程中程序最严密、对招标人能力要求最严格阶段。

（3）第三阶段：招标结束阶段

1）合同的签订

中标通知书发出之日起30日内，按照招标文件和中标人的投标文件订立书面合同。

2）合同的履行

指合同的当事人按照合同的约定，全面完成各自承担的合同义务，使合同关系得以全部终止的整个行为过程。

3）资料整理与归档

将招标过程中的所有资料整理归档。

15.3.2　物业服务合同

物业服务合同是用以表明或界定区域总部大楼的管理业务和责任权利的法律文书，是开发商与中标的物业服务企业签订的，旨在明确双方的权利与责任的协议文件。

（1）物业服务合同的内容

物业服务合同应包含的内容见表15-1。

物业服务合同内容　　　　　　　　　　　　　　　　表 15-1

序号	合同内容	具体说明
1	合同序文	说明物业的名称、规模、位置;定义和解释;订立合同的日期、地点;合同双方的名称、法人代表及地址等
2	合同正文	委托标的的范围与内容;管理形式与期限;双方的责任、权利与义务;管理费用及其支付方式;违约责任与索赔;不可抗力的界定及由此带来的损失与责任的划分;双方协作事项;合同的期限与合同的终止;合同的纠纷与仲裁等

续表

序号	合同内容	具体说明
3	合同结尾	合同使用的文字、生效日期;合同的正副本份数;合同适用的法律;双方的法人代表(开发商或业主委员会)签字;公证机关公证等
4	附件	说明项目的特殊条件、特殊要求及在通用合同格式中未能详细说明的内容,以及物业的平面图、设施、设备清单、有关情况和指标的说明等

（2）物业服务合同的签署

物业服务合同由物业的开发商或业主委员会在招标定标或选定（选聘）物业管理公司之后,在双方谈判磋商、达成基本共识的基础上签署。

（3）物业服务合同的执行

物业管理合同一经签署即具有法律效力,当事人要恪守和履行合同中规定的权利和义务。

15.4 物业前期介入

物业管理前期介入的依据是物业"全过程"管理。通过前期介入这种建管结合的服务方式,使项目开发有一个良好的开端,为今后物业的使用和管理打下坚实的基础。

物业管理前期介入是指区域总部大楼在开发设计初期选聘的物业服务企业就开始介入,利用物业公司丰富的物业管理经验,从客户使用的角度对设计图提供建设性意见,协助开发商把好规划设计关、施工质量关和竣工验收关,以确保设计功能完善、布局合理、质量达标,节省后期的改造费用,方便后期的运营使用,从而降低物业运营费用。

15.4.1 前期介入的作用

物业管理的前期介入虽然是越早越好,但并不意味着各阶段的介入程度是相同的。而区域总部大楼的开发更需要物业管理的前期介入服务,它具有以下三方面作用:

（1）加强物业服务

前期介入的物业服务企业不一定与开发商确定物业服务管理合同委托关系,这样可以促使前期介入的物业服务企业更好地提供服务,方便开发商提前了解和考察物业公司的服务能力和水平。

（2）优化设计调整

物业服务企业在项目设计阶段,从客户或使用人的角度,凭专业人士的经验对开发项目的设计进行审视,对不当之处提出修改建议,对功能点位布置进行优化,完善设计中的细节,避免出现工程完工后细部功能缺失或使用不方便而需要后期改造的问题。

（3）提升建造质量

通过物业参与施工建设阶段的监督,强化施工过程中质量管理与监控,从而提高建造质量。物业服务企业通过前期介入,保证了设计、建造质量和对物业的全面了解,给后期的物业管理带来了很多便利,既利于维修保养计划的安排与实施,又可保证维修质量,从而提高了工作效率。

15.4.2 前期介入的内容

（1）规划设计阶段

物业服务企业介入规划设计工作的重点是审视土建构造、电力、电梯、安保、消防、给水排水、暖通空调、智能化、车库、内外装饰等方面的合理性。可以从以下方面进行考虑：

配套设施能否满足客户的需要，如教育设施；规划设计的经济、节能等问题；水、电、网络、停车位等设备要留有充分的余地；规划设计是否以人为本，能否方便住户使用，如道路是否遵循就近原则。既要考虑大的功能布局，又要注重细节，比如小区指示标牌、休憩座椅、垃圾收集设施等是否合理设置，小区内各个角落是否都在治安监控范围内，各种消防死角是否配备了足够的消防设备等。

（2）施工建造阶段

物业服务企业参与施工质量监督的重点部位有地下室（防止渗漏）、回填土（防止地面沉降）、楼面屋面混凝土（防止地面及屋面渗漏、空鼓）、墙体砌筑（防止墙体裂缝）、外墙装饰（防止外墙空鼓、渗漏）、门窗（防止门窗渗漏）、给水排水、设备安装等。

（3）施工验收阶段

物业服务企业应站在业主的立场上参与工程验收，对房屋外观质量、建筑防水防漏、建筑设备设施性能、消防系统及器材等进行重点检查验收。如果工程质量问题不在验收之前发现并解决，一方面将给物业公司带来成本负担，另一方面维修工作也不如在施工阶段方便。

15.4.3 物业前期介入流程

（1）前期物业管理建议

针对新开发的商业项目，公司工程管理部协助项目分公司工程管理部根据商业项目的具体情况成立前期介入小组、编制工程前期介入方案，上报公司相关领导审核、批准。

在项目规划设计阶段，公司工程管理部组织前期介入小组从物业后期使用和管理的角度，就房屋设计、弱电智能化系统、空调暖通系统、供电供水、污水排放、污水处理、道路、交通组织管理、配套服务设施配置等编制物业管理建议，上报集团总部专业管理及智能化部备案。

在项目施工阶段，公司工程管理部根据现场施工的情况，组织前期介入小组向项目开发公司提出关于土建施工、设备安装、工程进度、工程质量方面的施工整改意见或合理化建议。

（2）项目的接管验收

项目接管验收前，公司工程管理部前介小组编制商业项目工程移交验收方案（所移交的项目需细化到具体的时间节点），上报地产公司、市场及客户关系部审核，经地产公司审批后向商业管理部和项目开发公司提供，公司工程管理部与项目开发公司处理在验收移交过程中存在的重大遗留问题或缺陷，需上报地产商管公司进行协调，同时对项目接管验收的实施情况进行监督检查。

公司工程管理部协助项目分公司工程管理部负责对独立封闭空间内能够正常运行的设施、设备进行预接管。包括安排技工进驻值班；在当地项目公司及厂家指导下，对值班技工进行培训，使其熟悉设备操作方法、操作规程及突发问题处理规程。

公司工程管理部协助项目分公司工程管理部对设施设备全面检查、检测，满足接管标准的，协助项目分公司办理接管手续。

接管时，项目分公司与项目开发公司须共同确认《工程遗留问题清单》，经物业分公司审核，报地产集团公司、项目开发公司及地产商管公司备案。

（3）项目的移交

项目分公司工程管理部和客服部成立项目移交小组，项目分公司总经理任组长。工程遗留问题整改完毕后，由项目分公司、公司相关职能部门和项目开发公司按照地产集团公司制度办理移交手续。

项目开发公司负责发起移交事项审批流程，经分管公司领导和地产商管公司的分管领导批准后生效。凡未经批准擅自进行移交的，将追究商业物业项目分公司总经理的责任。

公司工程管理部协助项目分公司工程管理部，接收全部竣工图纸资料，签署工程资料移交清单并认真查验移交图纸资料的数量及真实性。

项目分公司工程管理部须按照地产集团公司相关规定及施工、采购合同相关条款约定，仔细核对所有移交备品备件的种类、数量，签署工程备品备件移交清单，移交的备品备件须及时登记入库。

公司工程管理部协助项目分公司与项目开发公司在商定的时间对能源计量进行交接确认，在开业后 60 天内，完成能源总表与分表计量偏差费用的处理。

（4）工程遗留问题的整改

工程遗留问题包括四类：第一类，规划设计中未涉及或成本预算中未考虑，但影响项目经营或品质的问题；第二类，原设计无法满足日常商业或物业管理需求的问题；第三类，施工质量问题；第四类，施工未完项目。

对于影响项目安全与运营的重大问题，各项目分公司须在开业后 7 日内汇总上报；其他工程遗留问题须在开业后 1 个月内汇总上报，所有上报须经地区分公司审核后报集团专业管理及智能化部备案。

在工程遗留问题的整改方面，根据问题类型不同而采取不同的处理方案。

"第一类"问题：由各项目分公司工程管理部整理、项目分公司上报所属的地区分公司审核后，与项目开发公司共同确定整改方案及费用测算，上报地产公司审批。

"第二类"问题：由各项目分公司阐明原因及费用测算，申报地产公司审批整改。

"第三类、第四类"问题：在移交前，由各地项目开发公司跟进施工单位整改；移交后，由各项目分公司工程管理部跟进施工单位整改，公司工程管理部协同项目分公司工程管理部跟踪整改进度与质量，其中需地产公司总部协调的，由各项目分公司汇总，经公司审核后上报地产公司。地产公司负责与项目开发公司沟通协调，各地项目开发公司负责实施，各项目分公司和公司工程管理部负责跟进。

各项目分公司工程管理部在督促遗留问题整改的同时，每周须向公司汇总《工程遗留问题报表》，经公司审核后，将工程遗留问题报表上报公司工程管理部进行核实后，上报公司领导，确认整改时限。

本 章 小 结

区域总部大楼开发管理主要侧重于项目的开发建设方面，而区域总部大楼物业管理的侧重点主要在于为入驻商户提供优质高效便捷的后勤保障服务，包括：对环境的绿化保洁；安全的秩序维护；对物业的维护、保养；对业主或客户的全方位的互联网＋服务、增值服务。

16 运 维 管 理

区域总部大楼项目的运营维护管理工作具有系统性和统一性的特点，不能将运营管理与物业维护管理分开，应统一在运营管理的架构下，以项目运营管理为主体、物业管理为辅助，并配套其他功能。在区域总部大楼的运营管理中，物业管理是项目运营的前提和保障，而运营管理则是物业管理的提升、发展和利润的体现，两者相辅相成。本章通过介绍中建西南总部大楼项目的运维管理，从运营维护方案、资产管理和客户维护三个角度对区域总部大楼项目的运维管理展开深入探讨。

本章具体内容如图 16-1 所示。

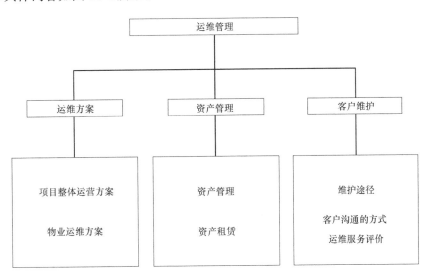

图 16-1　本章内容流程图

16.1　运 维 方 案

鉴于区域总部大楼项目的业态丰富、功能众多，客户类型千差万别，招商、装修、租户更替、租金追缴、食堂服务等工作繁杂，而且建筑设施设备系统复杂，现代科技技术运用充分、超前。因此项目的招商、运营、装修、财务、风险管理尤其重要，项目的资产维护管理、组织、资源配置、标准要求及管理手段须提前筹划，有条不紊组织实施。区域总部大楼项目的运维方案重点有两个，一是项目的整体运营方案；二是物业的运维方案。

16.1.1 项目整体运营方案

区域总部大楼项目运营管理除了物业管理服务等基本保障工作外，最核心的工作就是项目的运营管理，包括项目整体的招商推广、品牌形象的建立和宣传、物业业态功能分区的管理、客户招商策划、客户关系维护、客户品质管理、商户退租与更换、租后或售后服务等。在项目入驻开业前期，要重点做好项目的运营维护方案，达到项目资产保值增值的目的。

（1）运营管理体系搭建

区域总部大楼项目的运营管理，首先要搭建运营管理体系，包括运营组织架构、决策机构、决策流程、授权体系、管理制度、团队薪酬等。只有完善了运营管理体系，才能保证项目运营的顺利推进。

（2）运营目标设立

运营目标是指区域总部大楼项目运营所应达到的目标，是项目运营的宗旨，指导项目运营的方向。区域总部大楼的运营目标一般包括两个方面，一方面是终极目标，实现项目资产的保值增值，不断促进项目资产价格的上涨，体现项目运维的价值。另一方面是树立形象，打响品牌，在扩大知名度的同时推进二次招商的顺利开展，实现租金的稳步提升，获得区域总部大楼更大的投资效益和社会效益。

区域总部大楼运营目标应根据项目实际情况进行功能业态目标的分解，按时间编排计划，包括各业态目标，项目的招商目标和进度计划以及销售目标和计划。

（3）运营策略

运营策略指的是在实际运营过程中，项目应采取的运营工作部署和战略安排。一般包括招商策略和运营管理策略两个方面。招商策略在延续项目开发过程中招商策略的基础上，应根据项目进入运营使用、具备一定人气的情况进行调整，重新编制二次招商政策、招商价格、推广计划、招商营销计划。

（4）运营管理

运营管理一般包括装修管理、使用管理、广告管理等方面。

1）装修管理

结合项目建筑立面形式，底商和酒店自身特色，统一规定和要求外立面店面的展示风格和规格，不得随意装修，维持项目的整体品质和形象。写字楼内公共区域统一协调，不得随意占用公共资源、维持写字楼整体形象和品质。

2）使用管理

结合入驻企业的实际需求，以服务好写字楼客户为出发点、打造5A甲级写字楼服务标杆。对底商租户统一广告招牌，按规定摆放，不得随意占用公共资源、遮挡消防设施和乱堆乱放，提升项目形象。

3）广告管理

商家品牌和商品宣传海报、POP等，按规定进行展示、不得乱贴乱挂。

（5）风险管控

区域总部大楼项目风险主要存在于项目基础管理、招商运营和财务三个方面，三者之间紧密联系、相互影响，只有建立完善的预防和处理机制，才能推动项目的良性发展（图16-2）。

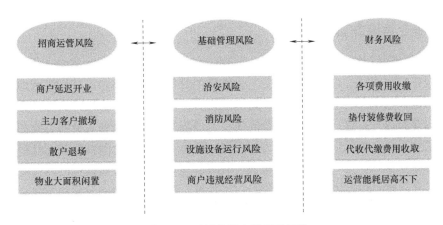

图 16-2　区域总部大楼项目风险

1）招商运营风险的管控

政策稳商：依据商户的带动性和行业影响力，划分等级，给予不同等级的商户采取相应的减免租金、物业费等政策优惠，彰显公司成功打造市场的信心和决心，稳定项目客户经营。

宣传助商：设立专项招商经费，通过线上广告、定点投放广告、主题促销活动、展会活动等形式，拉动项目整体人气，助推入驻客户经营。

客户储备：招商部门做好商户沟通，掌握竞争性市场和行业发展状况，建立各级各类商户跟踪和回访机制，做好客户储备。

强势管理策略：所有商户必须在公司规定时间内具备开业条件，并制定相关奖罚措施。

2）基础管理风险的管控

制度管控策略：严格按照设施设备维护规程，做好设施设备的定期维检和巡检，保障正常运营；建立一站式服务中心，接受商户违规行为投诉，维护市场正常经营，防范有损品牌声誉的突发事件。

消防防范策略：防范宣传到位，组织市场商户定期培训，提高全员消防安全意识；合规配备消防器具，做好器具日常维护；定期组织开展消防演练，普及消防自救知识。

加强安保策略：严格组织日常秩序维护队伍的训练，做到演练显性化，强化商家对市场安保的信心，威慑社会闲杂人员；关键动线节点，设立巡检和值班岗亭，保障市场无安保盲点。

公关维护策略：维护相关单位公共关系，应对突发事件。

3）财务管理风险的管控

运营基础策略：提升管理服务水平，帮助商户提高运营质量，适度控制物业管理费减免优惠，减少工程环节质量问题，是各项费用收取和降低财务风险的基础。

指标考核策略：将费用收缴纳入年度经济指标考核，与员工年终绩效挂钩，重奖重罚，激励员工全力收缴。

机制管控策略：建立月度、季度、年度财务预核算和报表制度，掌控整个项目运营状况，做好财务风险预警和资产掌控，指导项目运营策略的制定和调整。

16.1.2 物业运维方案

一般来讲，区域总部大楼多是酒店、办公、观光、商业等多业态的综合体。其客户构成复杂，服务需求多样。以"顾客主义"为宗旨的时代，服务体验的好坏极大地影响了此类建筑后期运营的水平。客户的体验，对建筑而言，除了建筑本身硬件，如外型昭示、体验性设施的体验以外，客户对大楼设备的使用、环境的感知、服务人员的态度和专业水平的体验感尤为重要。设备设施安全、运行高效、环境舒适，如氛围营造、空气温湿度及品质，楼宇的安全防范体验，应急故障或事件的防范和处理，温暖而真诚的服务，对于客户体验而言尤其关键，因此区域总部大楼的运维管理，也将重点围绕上述几个焦点展开。

（1）组织层面

搭建区域总部大楼项目的运维管理团队架构体系。特别是工程管理部门，应根据建筑设施设备系统的配置，搭建专业齐全、管理涵盖班级、主管、技术经理的技术管理团队。技术力量的支撑，除了项目团队本身以外，对于电梯、空调、IBMS、BIM 等重要设备系统，应以高水平的专业外包作为重要支撑力量。大楼管理团队主要管理成员及客服人员（如客服团队），应考虑高学历且具有丰富的类似楼宇服务经验的人选，确保保障服务团队具有较高素养和服务能力。

（2）管理标准层面

建筑规划设计阶段引入美国绿色 LEED 铂金认证标准，保证大楼的硬件配置标准能满足标准要求，使大楼的运营标准基于一个较高的起点。后期运营方面，则引入国际建筑业主与管理者协会（BOMA）的 COE 认证，以及公司运行成熟的三标体系即：ISO 9001 质量管理体系、ISO 14001 环境管理体系、OHSAS 18001 职业健康安全管理体系，再结合楼宇定位和设施设备的实际情况，定制一套建筑管理的标准。

（3）品牌创建层面

开发阶段创建国家优质工程奖，即中国建设工程鲁班奖。后期运营，通过优秀的商务和物业运营，争创超甲级写字楼、专业特色楼宇、省市物业精品项目等品牌荣誉。以市场上广为熟知的行业或国家荣誉加持楼宇的形象，彰显楼宇的建造和服务水平，提升楼宇的知名度和美誉度；同时通过品牌创建提升大楼管理团队的运营管理水平。

（4）管理技术运用层面

首先，大楼需前瞻性的设计和设施设备系统，保障楼宇建成后较长时间具备不落伍的设施设备管控智能化技术，同时预留后期运营所需的调整冗余空间或开放性的技术接口（系统）。比如高度智能集成的 IBMS（建议基于 BIM 进行设计和运用），人脸识别等生物识别技术、物联网及云运用，全面的能源管控系统，空气品质自动监测及控制，设备选型指标从建筑全生命周期角度充分考虑设备运行效能及后期维护成本，大楼渗水监测系统，楼宇高位幕墙的融冰及地面防坠的防护，客户自助自救系统，防恐设备配置，地下室电梯厅或首层大堂正压保持，幕墙热工效能、BIM 运维模块配置等。

其次，后期运营中物业不仅要充分运用可视化的 BIM 运维模块，高效监测和管控大楼设施设备系统，设计和模拟应急状态下的疏散路径，确定合理的疏散方案，制定适宜的设备设施预防性计划和维修改造方案等；还要运用大量先进的巡查和监测移动设备，如：

热成像仪、震动检测仪、噪声检测仪，从设备设施投入运行开始，即着手建立重大设备设施的运行数据库，通过与专家数据库对比，结合高素养的专业技术工程师经验，分析设施设备的运行状态，制定适宜的预防性＋状态性维护方案，避免"过剩维修"的浪费或"过时维修"的运行风险，保障大楼设施设备处于较高的可靠度和较低的故障密度，保证设施设备高效运行，达到节能减排的目的。

（5）安防管理及技术层面

除配置满足楼宇消防要求的消防系统、数字视频监控、门禁、翼闸及人脸识别出入管控、智能排梯或梯控等系统外，应根据大楼客流性质，设计并建造相对独立的商流、旅游观光人流、办公人流及VIP通道和物业后勤通道，且主要出入口配置防恐安检设备。地下室及楼宇内配置应急呼叫报警系统，地库出入口配置机动车防恐阻挡装置等。从技防方面充分保证大楼安防等级需求。后期运营不仅要配备足够的、高素养的安防管理人员；设计适宜的安全防范管控方案、制度、流程，建立高效的安全运行机制；还需要大量运用诸如防暴犬、巡逻车、消防微型车、高空升降机等先进的管理手段，以保障楼宇的安全防范标准落地生根。

（6）环境维护管理层面

通过高标准、规范化的清洁及绿化服务，客户关键路径场景营造，如：特色化的微景观，卫生间"5S"管理的五星级标准，四季香氛及美妙音乐，以及空间舒适的温湿度和洁净空气等，在楼宇中营造具有视觉、嗅觉、听觉、触觉四维立体舒适场景或氛围。工具运用上，则充分运用擦窗机、机械扫地机等先进机具提高服务效率。

（7）应急管理层面

重点在于梳理建筑的运营风险因子，设计针对性的巨型建筑风险管理措施和应急处置预案，特别是防恐、跳楼、非正常攀爬、浸水、台风暴雨、地震、火灾等应急事件；成立应急管理领导机构和组建应急特勤组；定期开展应急演练；向大楼用户宣传应急防范知识，组织并引导客户参与应急防范活动，使大楼的应急防范做到专业防范与群防群治相结合，做到防患于未然。其次，后期运营应购买必要的楼宇管理保险，减少事件发生后的损失。

16.2　资产管理

区域总部大楼业态和功能物业主要包括写字楼、公寓酒店、配套商业等三个方面所组成的城市综合体，其资产的管理目的就是保证项目物业的保值功能，通过运维管理和增值服务，提升项目物业的价值，进而达到资产增值的目的。

16.2.1　资产管理

区域总部大楼项目物业不论租赁还是销售，均须统一运营管理。区域总部大楼的写字楼一般全部自持，独立运营，由物业公司负责提供物业管理服务。酒店物业一般先租后售，而公寓和配套商业则可招商与销售并存。因此区域总部大楼的资产管理主要是针对招商自持型物业进行的资产保值增值管理。

（1）资产管理流程

1) 自持物业的资产由专业团队负责资产运营管理。在自持物业竣工前半年内，由责任部门牵头，组织各业务口编制自持物业的相关资产管理制度，经项目公司审议通过后实施。

2) 自持物业在项目综合验收备案后 10 天内，由运营部门制定资产移交计划，物业管理公司制定自持物业细部检查验收计划，报公司同意后，由物业管理公司配合在 20 日内完成细部检查验收，通过办理自持物业移交手续，形成办公物业的资产明细表。未通过细部检查验收的资产由物业管理公司进行意见分类汇总，由工程管理部门限期整改合格后再办理移交。

3) 自持物业资产在每季的最后 10 天内完成办公物业资产盘点，形成盘点报告留存备案。

（2）资产维护

1) 自持物业的资产维护主要由物业管理公司负责，运营团队进行监督。每月最后 5 天进行月例行维护抽查，每半年完成一次资产维护全面检查，并形成相应的检查报告留存备案。并反馈给物业管理单位和使用单位，督促落实整改。

2) 自持物业的维护费用。属物业管理服务合同内已明确范围的则按物业管理服务合同执行；不在物业管理服务合同范围内，物业管理公司提交费用预算计划，经商务合约部审核，报总经理审批同意，由营销策划部负责执行。

16.2.2 资产租赁

（1）办公、配套商业物业的再招商

1) 办公配套商业物业的再招商由运营团队负责管理，并根据需要在项目内设置招商小组，负责日常性招商出租业务。再招商可委托物业管理公司协助招商，也可委托专业中介机构代理招商。

2) 在做自持物业的日常性招商时，做好写字楼招商资料的准备、接待来访的潜在承租客户、介绍项目情况、招商宣传、合同管理、客户关系维护与走访、接受与处理客户投诉与反馈，租赁物业的交接等工作。

3) 委托招商时，在到期前 90 天根据实际需求制定招商计划，明确招商对象的营业范围、佣金标准与支付标准。

（2）公寓酒店物业的再招商

1) 运营团队负责酒店的再招商工作。一般在酒店租赁期满前一年，就续租与否函告现酒店租赁方，取得现有酒店租赁方的书面回复意见。

2) 如续租，则在酒店租赁期满之日起前半年，由营销策划部负责与现有酒店公司联系沟通续租事宜，制定续租协议，报公司总经理审批后重新签订租赁协议，并按协议执行。

3) 如不续租，则在租赁期满前一年，由营销策划部自行或委托中介公司进行酒店招商租赁。招商租赁前，制定酒店招商推广计划，报公司总经理审批后实施。委托一家或多家中介公司代理酒店招商租赁，由商务合约部配合招标，签订代理协议后实施。

16.3　客　户　维　护

随着经济和科技的发展，客户对于建筑的诉求已经不止于建筑本身，更有建筑所能承载和提供的工作及生活想象。建筑维护也就不仅停留于建筑本身，更需要对活动于其间的人提供有温度的服务，提高客户满意度和忠诚度，增强客户黏性，以达到资产运营价值的最大化。

16.3.1 维护途径

客户关系管理的途径，主要从以下四个方面展开。

（1）渠道建设

建立线上线下客户诉求频道，如：400 电话、大楼网页、微信或 QQ 群、服务 APP、场景二维码、第三方满意度调查、线下客户专题活动等，多渠道倾听客户声音，收集客户信息，建立客户数据库，精准分析客户的需求；

（2）信息化运用

运用 CRM 系统，建立客户档案，细分客户群体，智能化归集和分析客户信息和需求，为提供精准服务提供决策依据；

（3）黏性建设

设计客户黏性地图，抓住触点、打好标签、精准分析、服务设计、服务满足；

（4）服务及品牌展播

开展线上线下多媒介特色服务及品牌展播，在客户群和社会上形成高知名度、传播广泛的口碑效应，增强客户服务体验的尊崇感。

对客户群体进行划分，分类分析管理，才能有针对性的得到客户需求的准确信息。

16.3.2 客户沟通方式

（1）定期沟通

定期向客户发布管理、服务信息，站在客户的立场上分析考虑客户的需求，加强对客户的关心，建立和巩固客户对物业管理服务的信心，缩短物业与客户之间的距离。

（2）沟通的途径

通过管理服务工作报告、通知、提示、海报、手机短信、微博、论坛等宣传手段与客户进行信息交流。通过多种沟通渠道与客户进行有效沟通，预测客户关注焦点，给予客户更好更完善的服务。

（3）客户见面会

服务处经理根据工作安排及需要，每个季度策划一次客户见面会，与客户进行有效沟通，有利于减少和消除客户的不满，了解客户持续变化的需求情况。做好客户引导、推荐、邀请工作，对客户的指令、要求、建议、意见等进行信息收集，统一处理并反馈。

（4）日常主动沟通

日常主动沟通工作，形式包括但不限于客户来访、计划性拜访、问题处理回访、生日祝福、节日祝福、重要日期提醒、楼宇巡检、节日文化活动等。客服人员会在日常工作中通过多种形式主动与客户进行沟通，收集，识别客户需求信息。用心聆听，认真记录，尊重客户提出的一切需求，持续改进服务。

16.3.3 运维服务评价

"客户就是上帝",视客户满意为服务质量的最高标准,提倡"零缺点"服务是最高准则("零缺点"服务:100-1<0,即一次失败的服务比不提供服务起到的作用更差,在服务中努力使客户的满意率为百分之百,尽量减少客户的投诉)。通过记录在案的客户沟通资料,日常客户投诉回访内容以及客户满意度调查等对物业服务进行系统的评价。对客户的评价结果进行分析,并结合服务管理对现行物业服务不断改进。

(1)日常客户满意度调查

物业对自己所服务的不同客户群体,设定满意度目标,并进行持续定期的客户满意度调查与管理。客户满意度的调查涵盖了客户对物业服务的整体满意度情况及客户对专业服务的满意度指标,以及员工个人的满意度评价,评价对象包括所有与客户直接接触的人员。

1)常规服务

对常规服务的评价在各项检查中可以保证实现,对客户意见的收集作为服务评价的重要元素之一。

2)特约服务

对特约服务的评价,在履行完口头订单或协议后,由服务提供者或公司品质管理部对客户进行回访确认。

(2)年度客户满意度调查

为保证调查的真实性,需在中建西南总部大楼项目行政监管的协助下共同完成。客户满意度的抽样调查,了解客户对物业服务的满意程度及需求,改进服务工作中的不足。所有的服务评价体系的执行都以"零打扰"为基础,在不影响客户日常工作的情况下进行(表 16-1、表 16-2)。

客户投诉处理单(首页) 表 16-1

编号: 　　　　项目名称: 　　　　　　序号:

接待人		接待时间		接待方式	
房号		客户姓名		联系方式	
主题					
投诉内容					
处理部门		处理人		处理时间	

注意事项:

1. 接待人如非处理人,务必于接待当日转交受理人;

2. 受理人在受理后,务必于当日与客户进行首次联络;

3. 除业主提出时间不方便外,隔次与客户联系时间不得超过 2 日;

4. 结果状态只有两种,A:处理中,B:关闭;

5. 任何关闭的投诉务必有客户的确认满意或同意,或者附上业主签字的协议书;

6. 自接待人开始,过程中应当将所有附件与本档案一并保存。

客户投诉处理单（处理页） 表16-2

编号： 项目名称： 序号：

时间：	处理人签字：
内容：	
结果状态:处理中□关闭□	
时间：	处理人签字：
内容：	
结果状态:处理中□关闭□	
时间：	处理人签字：
内容：	
结果状态:处理中□关闭□	

本 章 小 结

区域总部大楼项目的运维管理工作十分重要，主要包括物业管理与运营管理两个大的方面。在确定运维方案时应考虑风险因素，在组织、管理、安防等方面进行细致的考虑。同时，对于这类城市综合体项目，也应注意资产管理和客户维护的实践，并在各项任务完成后及时回顾，打造全方位的服务评价体系。

17

项目公司组织架构

项目前期可研报告和项目立项工作全部完成后，即要着手筹备项目公司的组建、搭建项目公司架构。项目公司组织架构的搭建，保证项目向前推进的各项工作有具体的机构和部门去决策、落实，标志着项目公司运行体制初步建立。区域总部大楼项目在具有一般地产项目公司组织架构的基础上，因其特定的投资目标又具有一些差别。本章通过介绍中建西南总部大楼项目公司组建，了解区域总部项目公司组建过程中，按项目需求而进行的机构设置和管理制度的制定。

本章具体内容如图 17-1 所示。

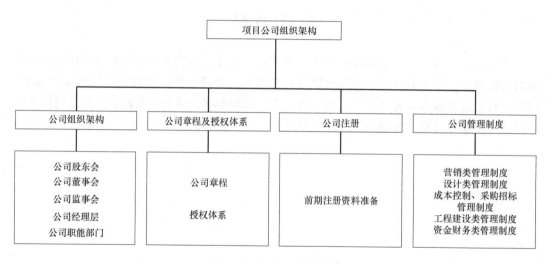

图 17-1　本章内容流程图

17.1　公司组织架构

地产类项目公司组织架构由上至下包括股东会、董事会、监事会、经理层和各职能部门。中建西南总部大楼项目公司的组织架构如图 17-2 所示。

17.1.1　公司股东会

股东会为公司核心权力机构，项目公司股东会由全体股东组成。股东会主要决策事项见表 17-1。

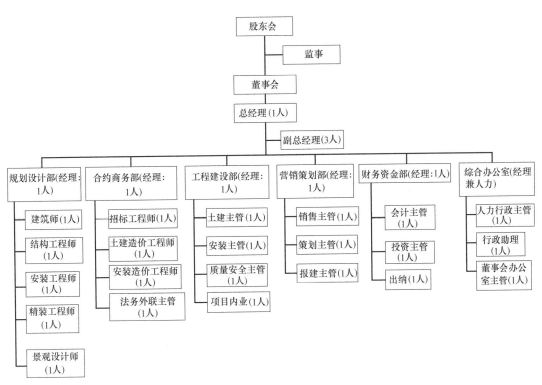

图 17-2 中建西南总部大楼项目公司组织架构图

股东会主要决策事项表 表 17-1

序号	决 策 事 项
1	决定公司经营方针和投资、融资计划
2	选举和更换由职工代表担任的董事、监事,决定有关董事、监事的报酬事项
3	审定董事会工作报告
4	审定监事工作报告
5	审定公司的利润分配方案和亏损弥补方案
6	审定公司资产抵押方案
7	审定公司授权体系
8	审定公司 200 万元(含)以上固定资产采购与处置
9	审定年度预算方案与决算方案
10	决定公司增加或者减少注册资本
11	决定股东向股东以外的人转让股权的事项
12	决定公司合并、分立、解散和清算或者变更公司形式
13	修改公司章程
14	决定公司为股东或者实际控制人提供担保事宜
15	法律、法规规定的应由股东会做出决议的其他事项

股东会决策事项,须经三分之二以上有表决权的股东同意方可通过。股东会的首次会

议由出资最多的股东召集和主持。其他会议由股东召集人召集和主持，股东召集人不能履行职务或不履行职务时，由公司董事长召集和主持。股东会会议应有三分之二以上有表决权的股东代表出席方可召开，股东收到会议通知后既未出席也未委托代理人出席会议，或出席会议但未参加表决的，视为放弃该次会议的表决权。股东会会议分为定期会议和临时会议。股东会的召开，需注意以下三点：

（1）定期会议每年召开一次。任何一方股东、股东召集人、董事长提议召开临时会议的，应当召开临时会议。临时会议只对通知中列明的事项予以讨论审议并做出决议，临时股东会会议决议与股东会定期会议决议具有同等效力。

（2）定期股东会会议通知应当于会议召开 7 个工作日前以书面形式送达股东各方。临时股东会会议通知应在会议召开 5 个工作日前以书面形式送达股东各方。

（3）股东会应当对所议事项的决定形成会议决议，出席会议的全体股东应当在会议决议上签名确认，并加盖股东单位公章。会议记录或决议应归档保存，专人保管，在公司合法有效经营期限内不得销毁、遗失。

中建西南区域总部大楼项目首次股东会由中建总公司召集和主持，主导审议项目开发总体概念方案设计、项目的业态布局、总投资预算，运营模式等重大决策。这些重大决策充分考虑契合中建系统在西南区域的布局、企业文化等因素。

17.1.2　公司董事会

董事会是公司经营管理的决策机构，由公司股东会选举产生，董事每届任期三年，任期届满，可通过选举连任，设董事长一名，由出资最多的股东提名经公司股东会选举产生。董事会对股东负责，主要职能见表 17-2。

董事会主要职能表 表 17-2

序号	决策事项
1	召集股东会会议,并向股东报告工作
2	执行股东会决议
3	审议公司增加或减少注册资本方案,报股东会审定
4	审议公司利润分配方案和亏损弥补方案,报股东会审定
5	审议公司合并、分立、解散及变更公司形式的方案,报股东会审定
6	审议公司资产抵押方案,报公司股东会审定
7	审定公司年度经营计划
8	审定公司年度财务预算方案,决算方案
9	制订《公司授权体系》,报公司股东会审定
10	审定项目定位报告、营销策划报告、销售及价格方案
11	审定项目投资、融资方案
12	审定公司基本管理制度
13	审定公司内部管理机构设置和人员定编方案
14	决定聘任或解聘公司总经理,以及根据总经理提名,审定聘任或者解聘副总经理等高管人员,对上述人员进行考核,并决定上述人员的薪酬

序号	决 策 事 项
15	审定公司总经理工作报告,检查总经理的工作
16	审议开发、建设、营销及商务过程中的重要事项
17	审定公司某一金额范围内固定资产采购和处置
18	审定项目商务策划报告及EPC总承包单位招标采购方案
19	股东会授权董事会行使的其他职权

董事会决策事项,必须经三分之二以上有表决权的董事同意。董事会的召开,需注意以下几点:

(1)董事会可每两月召开一次会议,由董事长负责召集并主持。董事长不能召集时,由董事长委托其他董事召集并主持。

(2)经三分之一或以上的董事联名提议或监事提议时,可以由董事长召开董事会临时会议。

(3)董事会临时会议决议与董事会例会会议决议具有同等效力。

(4)董事会会议应当有三分之二以上董事出席方能召开。董事会会议应由本人出席,董事因故不能出席的,可以书面委托其他董事或代表出席或表决。董事本人因故未出席会议,亦未委托代表出席的,视为放弃在该次董事会会议上的表决权。董事连续两次未出席董事会会议,亦未委托代表出席的,视为不能履行董事职责。原任命该董事的一方应提出替代董事人选并经过董事会会议通过后履行职责。

(5)董事会成员为公司全体董事,公司监事、董事会秘书及公司总经理可根据需要参加会议,公司相关人员可列席会议。

(6)董事会决议的表决,坚持少数服从多数的原则,实行一人一票。董事会决议既可采取记名投票表决方式,也可采取举手表决方式,但若有任何一名董事要求采取投票表决方式时,应当采取投票表决方式并由全体董事对表决结果进行签字确认。董事会临时会议在保障董事充分表达意见的前提下,可以用传真方式进行并做出决议,并由参会董事签字。

(7)董事会采用现场会议的方式举行,特殊情况可采用书面、视频方式举行。但是该项决议必须寄送董事会全体成员,并由做出此项决定所需的董事人数签署赞成,方可通过。董事会应当对所议事项的决定形成董事会决议,参会董事应当在董事会决议上签字。

(8)董事会决议、会议记录等董事会会议档案保存时限为10年。

(9)董事会应依据有关法规和章程的规定,制定董事会议事规则,经股东会审核通过后实施。

中建西南区域总部项目公司董事会的各项决议,均在股东会授权的框架内,符合公司的战略发展需求,例如施工总承包、材料供应商选择、客户群体的选择、价格方案等内容。

17.1.3 公司监事会

监事会是对公司的业务活动进行监督和检查的法定必设和常设监督机构,由各股东提名，股东会选举产生。公司部门经理以上人员不得兼任监事。任期为三年，任期届满，可通过股东会选举连任。任期届满未及时改选，或者监事在任期内辞职，在新委派的监事就任前，原监事仍应当依照法律、行政法规和公司章程的规定，履行监事的职责（表17-3）。

监事会主要职能表   表 17-3

序号	职 能 事 项
1	检查公司财务
2	对公司董事、高级管理人员履行职责的行为进行监督，对违反法律、行政法规、公司章程或者股东决议的董事、高级管理人员提出罢免的建议
3	当公司董事或高级管理人员的行为损害公司利益时，要求其予以纠正
4	对董事、高级管理人员在履行职责时违反法律、行政法规或者公司章程规定的行为提出诉讼
5	提议召开临时股东会会议，在董事会不履行法律规定的召集和主持股东会会议职责时，召集和主持股东会会议
6	向股东会会议提出提案
7	可以列席董事会会议，并对董事会决议事项提出质询或者建议
8	发现公司经营情况异常，可以进行调查；必要时可以聘请会计师事务所协助工作，费用由公司承担
9	股东会授予的其他职权

中建西南区域总部大楼项目结合项目实际情况，不设监事会，只设监事一名，由三个股东方提名，股东会选举产生。

17.1.4 公司经理层

项目公司经理层是公司业务执行的负责机构。中建西南区域总部大楼项目经理层设总经理一名，副总经理三名，总经理由最大股东委派，副总经理分别由三家股东单位委派，对董事会负责，在董事会的授权下，执行董事会的重大决策，实现董事会制定的投资目标。通过组建必要的职能部门，组聘管理人员，形成一个以总经理为中心的组织、管理、领导体系，实施对公司的有效管理。总经理的主要职责是负责公司日常业务的经营管理，经董事会授权，对外签订合同和处理业务；定期向董事会报告业务情况，向董事会提交年度报告及各种报表、计划、方案，包括经营计划、利润分配方案、亏损弥补方案等（表17-4）。

经理层主要职能表   表 17-4

序号	职 责
1	认真贯彻执行党和政府的方针、政策、法令及规定、公司董事会等上级行政部门的指示、决议，带领整个项目公司的职工做好各项工作
2	组织制定项目公司的机构设置和人员编制；聘任或者解聘除董事会负责聘任或者解聘以外的管理人员。对公司发生的重大事情进行奖惩
3	确定公司的发展方向和管理目标，组织制订项目公司的发展规划、年度工作计划，积极努力完成董事会下达的各项任务
4	召开总经理办公会议、中层干部会议；协调各行政机构的工作，发挥各职能部门的作用
5	负责组织制订和健全项目公司各项规章制度，积极进行改革，推行岗位责任制，不断提高公司管理水平
6	加强项目公司职工队伍、干部队伍的建设，不断提高人员的政治素质和业务素质

序号	职 责
7	制订项目公司年度预决算、审批公司重大经费的开支和项目公司留成基金的使用和分配方案
8	审批以项目公司名义发出的各类文件、报表,批办上级来文,处理涉外事宜,做好项目公司内外的接待工作
9	定期向董事会汇报工作,向公司职工大会报告工作,接受监事会的咨询和监督,对于提出的问题和建议,积极解决和落实

中建西南区域总部大楼项目公司经理层主要通过"总经理办公会"和"总经理常务会"制定日常工作计划、布置日常工作,落实和及时解决项目推进过程中遇到的问题。"总经理办公会"由公司总经理组织,每周固定时间召开,公司全员参加,以部门为单位汇报上周工作完成情况以及本周的工作计划,及时提出本部门需要其他部门协调配合的事项。"总经理常务会"由总经理组织,原则上每月召开一次,特殊情况可以临时组织召开,公司经理层和提出议案的部门负责人参加。"总经理常务会"主要审议部门提出的项目执行过程中的重要事项。

17.1.5 公司职能部门

地产类项目公司的职能部门包括:项目开发部、工程技术部、项目工程部、成本合约部、招商营销部、财务资金部、人力资源部和综合行政部等部门,有些项目公司还根据项目的规模大小设有法务、金融、纪检监察等部门。分别负责项目前期、设计、报规、现场、资金、税务、招商、运营、招采、人力、行政等项目推进过程中的各项工作。具体到不同的项目,可以据实际情况进行调整精简。

中建西南区域总部大楼项目公司设置"五部一室"六个职能部门,分别是:营销策划部、规划设计部、合约商务部、工程建设部、财务资金部和综合办公室(表17-5)。

各部门主要职能表   表 17-5

部门	主 要 职 能
营销策划部	负责项目年度营销目标、年度营销计划的制定
	部门年度预算编制
	项目营销策划管理
	项目营销推广管理
	项目销售、招商管理
	公司报规报建
	项目自持物业的运营管理、对物业管理公司的监督管理
规划设计部	项目年度设计目标、年度设计计划的编制
	部门年度预算编制
	项目设计计划
	项目专项设计
	项目设计图纸管理
	项目设计变更
	项目样板定样

续表

部门	主要职能
合约商务部	项目年度成本目标、年度成本控制计划的编制
	项目成本过程控制,包括目标成本制定、动态成本管理、工程预结算、项目过程计量管理
	项目合同管理
	项目采购管理,包括采购计划制定,采购立项审核,工程、服务、物资、设备类采购招标组织
	部门年度预算编制
	合约商务系统制度建设
工程建设部	项目年度建设目标、年度建设计划的编制
	部门年度预算编制
	工程计划管理
	工程质量管理
	工程安全与环保管理
	工程指令管理
	工程监理管理
	工程建设系统制度建设
财务资金部	执行国家、上级公司会计制度,严守财经纪律
	建立健全公司财务管理体系并严格监督执行,依托公司发展需求,组织制订公司财务制度
	依法进行会计核算,实行会计监督
	公司资金筹措、调配、使用,保证资金安全与正常运转
	负责公司整体税收筹划及税务日常管理工作
	负责公司预算的编制、平衡、监督执行
	负责各类财务数据统计和分析,为公司领导决策提供依据
	负责编制、报送各类会计报表、财务统计报表、税务报表和财务档案管理工作
综合办公室	组织制定公司年度经营目标和年度工作计划
	组织签订各部门年度目标责任状并组织考核
	组织公司的制度建设工作
	公司团队建设工作,牵头开展公司员工培训和考核工作
	负责公司的文化建设和党群管理工作
	负责公司收发文管理工作
	负责公司会议管理和工作事项督办工作
	负责公司证照、印章的保管和使用
	负责公司办公物资的采购及日常管理
	负责公司车辆、接待、行政后勤服务工作
	负责公司人员的招聘、使用和解聘工作
	负责公司的薪酬管理工作
	负责公司员工的休假和考勤管理工作

中建西南区域总部大楼项目公司对职能部门的设置进行了精简,缩减了人员编制。项

目前期、报规报建、招商和自持物业运营统归营销策划部，融资和税务统归资金财务部，人力和行政统归综合办公室。

17.2 公司章程及授权体系

17.2.1 公司章程

公司章程作为项目公司组织和活动的准则，既是一种重要的权力约束机制，也是一种重要的权利授予机制，公司章程能否发挥作用以及发挥作用的程度，对项目公司的规范运作具有重大意义。项目公司章程的制定，需包含内容见表17-6。

公司章程内容表   表 17-6

序号	内　　容
1	公司名称和住所
2	公司经营范围
3	公司注册资本
4	股东的姓名和名称
5	股东的权利和义务
6	股东的出资方式和出资额
7	股东转让出资的条件
8	公司机构的产生办法、职权、议事规则
9	公司的法定代表人
10	公司的解散事由与清算办法

17.2.2 授权体系

项目公司授权体系的确定，可明确界定公司各部门与公司总经理、总经理与公司董事会之间的工作权责。使各部门、各岗位在实际开展工作中有据可依、有章可循。在防范风险的同时，提高工作效率。授权体系的编制应注意以下几点：

（1）权限明确

授权是用于工作的权力，是在特定范围内，一定层次上的处理权与决定权。授权要明确规定权力使用的范围与条件，使被授权者充分明了自己的权限范围，鼓励其充分用好所授权力，同时有效避免越权行为。

（2）逐级授权

授权应该逐级下放，在有着直接关系的上下级之间进行，不可越级授权。既不可代替自己的上级把权力授予自己的下属，也不可将自己的权力授予下属的下级，也不能代替下属把权力授给他的下级。

（3）信任授权

授权的基础是上下级之间的充分信任，只有建立良好信任关系，才能做好授权。授权本身就是上级对下级的信任，作为被授权者应该认真对待所得到地权力，而不要带着戒备、防卫的心理去看待授权。但是，在相互信任基础上的授权并不代表上下级之间互不相干的局面，相反，应有更多的相互交流与沟通，以此消除上级的担忧，同时使下级获取必要的支持与帮助。

（4）有授有控

授权的另一个原则是要适度。无原则，无分寸的授权近似于弃权；而授权不足，则造成领导仍不能完全摆脱琐碎事务的烦扰，下属也不能充分地发挥积极性和创造性。合理授权，做到授权而不失控。

17.3 公 司 注 册

项目公司完成组织架构的搭建和拟定公司章程等前期筹备工作后，即可着手公司的注册，公司按股东对公司所负责任不同分为无限责任公司、有限责任公司和股份有限公司。建设投资项目公司一般采用有限责任公司形式（表 17-7）。

公司注册准备注册资料，需包含以下内容：

（1）公司法定代表人签署的《公司设立登记申请书》；

（2）全体股东签署的《指定代表或者共同委托代理人的证明》及指定代表或委托代理人的身份证复印件；

（3）全体股东签署的公司章程；

（4）股东的主体资格证明；

（5）依法设立的验资机构出具的验资证明；

（6）股东首次出资是非货币财产的，提交已办理财产转移手续的证明文件；

（7）董事、监事和经理的任职文件及身份证复印件；

（8）营业场所使用证明；

（9）《企业名称预先核准通知书》；

（10）法律、行政法规和国务院决定规定设立有限责任公司必须报经批准的，提交有关的批准文件或许可证书复印件。

公司设立登记申请书 表 17-7

名称	××××有限责任公司		
住所	成都市天府新区××路××号	邮政编码	
法定代表人姓名	×××	职务	×××
注册资本	×××亿元	公司类型	有限责任公司
实收资本	×××亿元	出资方式	合资
经营范围	房地产经营与开发；项目投资；物业管理；城市公用、交通项目投资与建设；基础设施和新城镇建设项目投资与建设		
营业期限	自××年××月 ××日至××年××月××日		
备案事项			

本公司依照《中华人民共和国公司法》、《中华人民共和国公司登记管理条例》设立，提交材料真实有效。谨此对真实性承担责任

法定代表人签字：　　　　指定代表或委托代理人签字：

年　　月　　日	年　　月　　日

17.4 公司管理制度

项目公司要保证各项工作正常开展，实现投资目标，就必须制定全体员工须遵守的基本行为规范和管理制度。

17.4.1 营销类管理制度

部门和岗位职责，营销策划和推广、招商和销售、营销费用、运营、证照办理和营销类表单（表17-8）。

营销类管理制度内容   表 17-8

序号	制 度 内 容
1	项目年度营销目标、年度营销计划的制定
2	部门年度预算编制
3	项目营销策划管理
4	项目营销推广管理
5	项目销售、招商管理
6	公司报规报建管理
7	营销策划系统制度
8	项目自持物业的运营管理、对物业管理公司的监督管理
9	营销策划系统团队建设，协助开展本系统员工培训和考核工作

17.4.2 设计类管理制度

部门和岗位职责，项目设计计划、项目专项设计、项目设计评审、图纸管理、设计变更、材料样板定样和设计类表单（表17-9）。

设计类管理制度内容   表 17-9

序号	制 度 内 容
1	项目年度设计目标、年度设计计划的编制
2	部门年度预算编制
3	项目设计计划
4	项目专项设计
5	项目设计图纸管理
6	项目设计变更
7	项目样板定样
8	规划设计系统制度建设
9	规划设计系统团队建设，协助开展本系统员工培训和考核工作

17.4.3 成本控制、采购招标类管理制度

部门和岗位职责，成本、合同、采购、招标和商务类表单（表17-10）。

成本、合同、采购、招标和商务类管理制度内容 表 17-10

序号	制 度 内 容
1	项目年度成本目标、年度成本控制计划的编制
2	项目成本过程控制,包括目标成本制定、动态成本管理、工程预结算、项目过程计量管理
3	项目合同管理
4	项目采购管理,包括采购计划制定,采购立项审核,工程、服务、物资、设备类采购招标组织
5	部门年度预算编制并严格执行
6	合约商务系统制度建设
7	合约商务系统团队建设,协助开展本系统员工培训和考核工作

17.4.4 工程建设类管理制度

部门和岗位职责,工程计划、工程安全与环保、工程质量、工程指令、工程监理、工程档案和工程类表单(表 17-11)。

工程建设类管理制度内容 表 17-11

序号	制 度 内 容
1	项目年度建设目标、年度建设计划的编制
2	部门年度预算编制
3	工程计划管理
4	工程质量管理
5	工程安全与环保管理
6	工程指令管理
7	工程监理管理
8	工程建设系统制度建设
9	工程建设系统团队建设,协助开展本系统员工培训和考核工作

17.4.5 资金财务类管理制度

部门和岗位职责,资金预算、资金筹措、项目资金收支、管理费用、备用金、税务、票证印章和财务类表单(表 17-12)。

资金财务类管理制度内容 表 17-12

序号	制 度 内 容
1	执行国家、上级公司会计制度,严守财经纪律
2	健全公司财务管理体系并严格监督执行,依托公司发展需求,组织制订公司财务制度
3	进行会计核算,实行会计监督
4	公司资金筹措、调配、使用,保证资金安全与正常运转
5	公司整体税收筹划及税务日常管理
6	公司预算的编制、平衡、监督执行
7	各类财务数据统计和分析
8	本系统团队建设,协助开展本系统员工培训和考核工作

17.4.6　综合行政及人力资源类管理制度

部门和岗位职责，党群工会、工作计划、印章、公文、会议、公司办公资产和行政人员流量计划、岗位设置、薪酬体系、绩效考核、员工培训、考勤和人力资源类表单（表17-13）。

综合行政及人力资源管理制度内容　　　　　　　　　　　　表17-13

序号	制度内容
1	组织制定公司年度经营目标和年度工作计划
2	组织签订各部门年度目标责任状并组织考核
3	组织公司的制度建设工作
4	公司团队建设工作，牵头开展公司员工培训和考核工作
5	公司的文化建设和党群管理工作
6	公司收发文管理
7	公司会议管理和工作事项督办
8	公司证照、印章的保管
9	公司办公物资的采购及日常管理
10	公司车辆、接待、行政后勤服务
11	公司人员的招聘、使用和解聘
12	公司的薪酬管理
13	公司员工的休假和考勤管理
14	部门年度预算编制

项目公司的管理制度在执行过程中，应根据项目推进情况进行完善和修正，并报上一级主管机构审批，使之更贴近项目建设的实际需求，促进项目投资目标的顺利实现。

本 章 小 结

项目前期可研报告和项目立项工作全部完成后，即要着手筹备项目公司的组建、搭建项目公司架构。项目公司组织架构的搭建，保证项目向前推进的各项工作有具体的机构和部门去决策、落实，标志着项目公司运行体制初步建立。区域总部大楼项目在具有一般地产项目公司组织架构的基础上，因其特定的投资目标又具有一些差别。本章通过介绍中建西南总部大楼项目公司组建，了解区域总部项目公司组建过程中，按项目需求而进行的机构设置和管理制度的制定。

18

人力资源管理

合理设置岗位，高效运行的团队是项目正常运行的有力保障，是项目公司高层决策不折不扣贯彻实施的重要条件。项目公司人力资源管理，是影响项目能否按照既定目标时间节点完成，成本是否控制在预算费用以内的重要因素。一般房地产项目公司人力资源管理工作主要包括以下几个方面（图 18-1）。

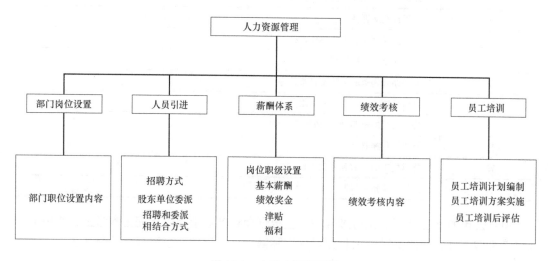

图 18-1　本章内容流程图

18.1　部门岗位设置

根据项目的投资类型、体量等因素，房地产项目的部门岗位设置有所区别，常规项目公司一般设置八个职能部门，具体内容见表 18-1。

部门岗位设置及职能			表 18-1
部门设置	岗位设置	岗位职能	部门编制
项目开发部	部门负责人	收集宏观经济政策；目标区域投资环境分析；收集土地信息，组织完成项目建议书；完成项目可行性研究报告；获取土地；负责项目立项，争取政府优惠政策；编制项目开发计划和进度节点；报规办证等	3-4
	报规报建师		
	项目策划		

续表

部门设置	岗位设置	岗位职能	部门编制
工程技术部	部门负责人 建筑师 结构工程师 安装工程师 精装工程师 景观设计师	协调设计单位按时完成设计图纸、施工图纸并审核确认;组织图纸会审,协调解决施工过程中施工图纸设计问题;施工图纸变更工作;提供工程技术支持;现场定位放线的审核;根据设计要求及时收集材料样板和资料,配合设计单位造型	6-8
项目工程部	部门负责人 土建主管 安装主管 质量安全主管 项目内业	编制施工计划,确保工程进度;严格把控重要工序质量控制点;现场安全、文明施工管理,对发现的隐患及时和监理单位一起督促施工单位整改;审核支付工程进度款的条件;隐蔽工程签证和设计变更施工签证;关键工序和隐蔽工程及时验收;协调质检站、监理单位、施工单位和供应商之间的关系	5-6
成本合约部	部门负责人 招标工程师 土建造价工程师 安装造价工程师 法务外联主管	负责项目年度成本目标、年度成本控制计划的编制并执行;负责项目成本过程控制,包括目标成本制定、动态成本管理、工程预结算、项目过程计量管理等;负责项目合同管理;负责项目采购管理,包括采购计划制定,采购立项审核,工程、服务、物资、设备类采购招标组织	5-6
招商营销部	部门负责人 营销主管 策划主管	负责产品定位报告;资金回笼计划;营销策划方案;营销推广方案;营销物料制作;预售许可证办理;入伙条件审核;客户维护和物业协调	3-4
财务资金部	部门负责人 会计主管 出纳 投资主管	负责建立健全公司财务管理体系并严格监督执行;依法进行会计核算,实行会计监督;负责公司资金筹措、调配、使用,保证资金安全与正常运转;负责公司整体税收筹划及税务日常管理工作;负责公司预算的编制、平衡、监督执行;负责各类财务数据统计和分析,为公司领导决策提供依据;负责编制、报送各类会计报表、财务统计报表、税务报表和财务档案管理工作	4-6
人力资源部	部门负责人 培训主管 薪酬主管	负责公司团队建设工作,牵头开展公司员工培训和考核工作;负责公司人员的招聘、使用和解聘工作;负责公司的薪酬管理工作;负责公司员工的休假和考勤管理工作;负责公司的文化建设和党群管理工作;负责组织签订各部门年度目标责任状并组织考核	3-4
综合行政部	部门负责人 行政专员 董事会办公室主管 行政司机	负责组织制定公司年度经营目标和年度工作计划;负责组织制定公司年度经营目标和年度工作计划;负责公司收发文管理工作;负责公司会议管理和工作事项督办工作;负责公司证照、印章的保管和使用;负责公司办公物资的采购及日常管理;负责公司车辆、接待、行政后勤服务工作	4-6

18.2 人员引进

在确定公司经理层后，公司依照前期部门岗位设置框架，开始开展公司部门建设。各部门填报人员需求计划表（表18-2）项目公司人员引进有三种方式，根据项目实际特点可以灵活选择。

中建西南总部大楼人员需求计划表 表 18-2

申请部门		部门现有人数		部门编制人数	
需求岗位		需求人数		申请时间	
招聘渠道	□内部招聘 □外部招聘	是否在编制 计划内	□是 □否	编制计划外招聘原因	
申请原因	□替岗(替代人员 岗位名称)□业务增加 □其他(请注明)				
岗位职责					
性别要求	□男 □女 □不限	年龄限制		期望到岗时间	
最低学历要求		专业要求		职称及相关资质证书	
相关工作经验要求					
能力要求					
拟招聘岗位在部门组织架构内的定位					
部门负责人意见					
人力资源部意见					
分管领导意见					
总经理审批					
招聘执行结果备注					

18.2.1 招聘方式

招聘的方式多种多样，在实际操作中一般都是多种方式相结合，对于中建集团，招聘不仅是为公司寻求人才的过程，也是宣传企业、提高知名度的过程。以下是常用的招聘方式，各种方式都具有自己的属性。

（1）网络招聘

拿前程无忧举例，作为一个招聘人员，首先要熟悉深圳人才市场情况，另外如果想找到足够的优秀人才，网络招聘也不能守株待兔，要主动搜索网络上合适的人才，每日组织相应数量的候选人参加面试，对此我们可以根据岗位需求状况，安排各岗位候选人的比例，或者，某一天专项安排一个岗位的面试，并找出最合适的人员予以录用。另外招聘人员要对招聘的成功率负责，避免出现费时费力最终无果的事情发生。如果公司招聘需求较多，还可考虑选择更多合适的网络招聘渠道，比如智联招聘、猎聘网等。

（2）人才招聘会

每年春季和秋季人才招聘会举办都非常频繁，特别是"金三银四"、"金九银十"的火爆场面已成为传统，所以作为人员招聘的重要渠道，招聘会可以根据人才类型、举办地、举办者等因素综合考虑，参加部分大型招聘会。另外，参加招聘会也是公司宣传的一种重要手段，可以说是一举两得。

（3）员工介绍

公司很多岗位专业性很强，比如美工、网页设计、网络推广等岗位，这就需要寻找对口人员，此时，公司在岗员工的同学、朋友或以前的同事都可以成为候选人，我们可以通过多种激励手段（如现金奖励）鼓励员工向公司推荐人才。

（4）公司内部招聘选拔

这种方法能够更好地激励优秀员工，公司为优秀员工提供一个崭新的发展平台，能够进一步激发他们的创造精神，从而为公司创造更大的效益，同时，还可以为公司留住更多优秀员工，提高公司员工稳定性，有效避免人才流失。内部招聘选拔还可以促使公司不断开发员工才智，培养员工一专多能，也为公司出现人员紧缺时的一个缓解之策。

（5）校园招聘

校园招聘往往是地产公司最为重视的招聘方式，来自于各大高校的应届毕业生是公司优质的招聘对象。每年的校园招聘分为"秋招"和"春招"，每年都会有大量的学生进入人才市场，此时，公司可以主动出击，联系部分学校组织开展校园招聘，这种方法成本低、针对性强，既可以为公司补充新鲜血液，也能为公司培养自己的专业人才。同时，举办巡回于各大高校的招聘活动还能提高企业的知名度，为未来的人才来源做好准备。通过这种渠道招聘来的员工，更需要系统的培训体系为他们量身定做职业发展规划，这种方式与内部提拔相结合甚为有效，为来年人员流动高峰期做好充足的准备工作。

（6）人事代理

如果公司的人员招聘工作比较频繁，可以考虑与人事代理公司联系，委托其代理部分岗位招聘业务，这样可以使人力资源部有更多的精力把人员激励工作做好，保证公司人员合理的流动比例，这种方法在特殊岗位人员常年无法保证时可以考虑。

18.2.2　股东单位委派

股东方为便于掌握项目实施情况，可以委派本公司人员参与项目公司的部门工作。该方式的优点是能加强股东之间的沟通协调，各项决策指令能及时地下达并得到有力执行，人员稳定，工作延续性强。不足是委派人员专业技能可能较社会招聘略差，特别是非建筑行业公司，管理成本费用高。

18.2.3　招聘和委派相结合方式

该方式一般为管理或责任岗位采用股东委派人员，专业和实操要求较强的岗位采用招聘方式。既保证了项目的顺利推进，又大大降低了人员不稳定的隐患。同时还可以通过实际操盘提高股东委派人员的技能提升，是大多数地产开发项目采用的人员引进方式，中建西南总部大楼项目即采用此方式。

18.3 薪酬体系

项目公司一般是针对某个建设项目临时组建的团队，随项目的推进人员会出现更替，所以项目公司的薪酬体系一般不会采用工作年限、职业技能等薪酬计算方式，而是采用直接、简单的岗位基本工资、绩效奖金、津贴和福利组合的方式。

18.3.1 岗位职级设置

岗位职级设置可按照各岗位工作内容，所承担的责任进行设置。中建西南总部大楼项目公司岗位职级设置从上到下可分为：总经理岗、副总经理岗、部门经理岗、部门经理助理岗、业务经理岗、业务主办岗、行政司机等。可按照各岗位人员编制和公司董事会批复的薪酬费用预算进行薪酬标准的制定。根据工作业绩，员工职级每年可调整一次，符合调级标准的员工经公司总经理审批后，填报申报表。

18.3.2 基本薪酬

基本薪酬是指企业依照员工完成的工作，向其支付的稳定的报酬，其制定参照既定的岗位职级薪酬标准制定，是员工收入的主要部分，也是计算其他薪酬收入的基础。

18.3.3 绩效奖金

绩效奖金反映员工的工作业绩，可有效避免工作业绩和薪酬脱节，提高员工的工作积极性。绩效奖金可以灵活设置发放的时间和方式，比如按照季度进行发放、年终发放和项目获重大突破，重要节点完成时发放（表18-3）。总体目标是及时、有效激励员工为实现目标节点努力。绩效奖金的发放额度以全年薪酬总额和基本薪酬作为计算参考条件。

员工薪金调整审批表　　　　　　　　　　　　　　表18-3

姓名		性别		出生日期	
部门		入职日期		参加工作时间	
学历		毕业院校		专业	
调薪原因	□晋升调薪　　原岗位现岗位 □降级调薪　　原岗位现岗位 □其他(请注明)				
原年度目标薪金标准(单位:元)					
调整后年度目标薪金标准(单位:元)	备注:自　　年　　月　　日起执行。				
部门负责人意见					
人力资源部意见					
公司负责人意见					

18.3.4 津贴

津贴是对特殊工作岗位的补偿，是薪酬发放的灵活补充。有交通补贴、通讯补贴、高温补贴，加班补贴等多种形式。具体到哪些岗位需要补贴，需要哪种补贴和补贴额度需根据实际情况确定。

18.3.5 福利

福利是全体员工都能享受的利益，它能给员工以归属感。福利特别强调其长期性、整体性和计划性。福利制度的不完善或缺少整体规划，经常是浪费了资金却没收到效果。福利的形式多种多样，有公司承担的五险一金、节假日慰问金、按期职工体检、补充商业险、带薪年假、公司组织旅游、住房补贴、工作补贴等。

18.4 绩效考核

绩效考核是员工绩效奖金发放的主要依据，主要以员工的工作业绩为考核依据，通过年初签订目标责任书，明确各岗位的年度目标，以此来进行工作业绩的奖罚。同时，为规范员工日常行为，也可对员工的日常组织纪律、工作责任心等进行考核来作为补充。

绩效考核内容

项目开发部考核项包括：项目建议书、可行性研究报告，项目立项报告、土地使用权证、用地规划许可证办理、工程规划许可证办理、施工许可证办理、预售许可证办理、消防、能评、环评、食品等其他证照、项目开发计划和进度节点、规划验收等。

工程技术部考核项包括：项目概念设计方案。

项目工程部考核项包括：编制施工节点计划、项目破土开工、基坑护壁及土方工程完成、±0.000 结构工程完成、主体结构封顶、内外装修完成、现场安全文明施工。

成本合约部考核项包括：项目整体商务策划报告、项目年度成本目标、年度成本控制计划的编制、工程预结算、项目过程计量、采购计划制定、采购立项审核，工程、服务、物资、设备类采购招标组织等。

招商营销部考核项包括：产品定位报告、资金回笼计划、年度营销策划方案、年度营销推广方案、营销物料制作、入伙、年度招商目标完成等（表18-4）。

中建西南总部大楼营销策划部年度责任书　　　　　　　　　表 18-4

指标列别	指标内容		分值	考核办法
专项指标	验收办证	档案入馆		按进度计划规定的时间节点
		五方主体验收		按进度计划规定的时间节点
		竣工验收备案		按进度计划规定的时间节点
	招商	写字楼招商×‰		按进度计划规定的时间节点
		底商招商×‰		按进度计划规定的时间节点
		食堂运营招商		按进度计划规定的时间节点
	策划	年度营销策划报告		按进度计划规定的时间节点
		顶层商务中心运营方案		按进度计划规定的时间节点
		物业管理收费方案		按进度计划规定的时间节点
		食堂运营管理方案		按进度计划规定的时间节点

续表

指标列别	指标内容		分值	考 核 办 法
专项指标	营销推广	招商接待中心开放		按进度计划规定的时间节点
		推广物料制作		按进度计划规定的时间节点
		招商线上推广		按进度计划规定的时间节点
	入伙	物业公司进驻		按进度计划规定的时间节点
		具备交楼入伙条件		按进度计划规定的时间节点
通用指标	工作效率	总办会考核情况		根据《总办会议事规则考核办法》考核评价
	工作纪律	考勤执行情况		根据考勤情况和公司管理制度综合评价
	工作配合	周边绩效情况		根据领导和部门之间的评价综合得分
目标责任书分值总计				100

财务资金部考核项包括：融资方案制定、年度资金费用预算、融资款项提取、催收注册资本金、公司整体税收筹划、负责各类财务数据统计、编制、报送各类会计报表、财务统计报表、税务报表和财务档案管理工作等（表18-5）。

中建西南总部大楼资金财务部年度责任书   表 18-5

指标列别	指标内容		分值	考 核 办 法
专项指标	投资	年度投资额		2018 投资额为 亿元，
	资金	提取第二笔批融资款		8 月 15 日前完成
		注册资本金支付		4 月 30 日前完成
	预算	年度资金预算审批		3 月 31 日前完成
	费用	年度总费用		全年 万元费用
		过程控制		严格按照年初预算做好过程控制，月度每超过 20% 误差扣 1 分
通用指标	工作效率	总办会考核情况		根据《总办会议事规则考核办法》考核评价
	工作纪律	考勤执行情况		根据考勤情况和公司管理制度综合评价
	工作配合	周边绩效情况		根据领导和部门之间的评价综合得分
目标责任书分值总计				100

人力资源部考核项包括：人员招聘、绩效考核、员工考勤、员工培训计划编制与实施、薪酬管理、员工月度活动等。

综合行政部考核项包括：公司年度经营目标和年度工作计划编制、公司总办会和总常会按期召开、整理董事会上会议案、接待上级项目考察等。

18.5 员 工 培 训

员工培训按内容不同分为技能培训和素质培训，分别针对岗位需求和员工素质要求两个方面。一般年末制定下一年度的培训计划，由公司人力资源部门负责牵头实施。

18.5.1　员工培训计划编制

年度员工培训计划一般结合岗位特点和员工自身发展要求，穿插技能培训和素质培训。以公司内部培训为主，外派培训为辅。时间安排要根据项目进度合理安排，不影响正常的工程进度。每月组织两次公司内部培训，全年各部门牵头组织的培训不少于两次（表18-6）。

中建西南总部大楼年度教育培训计划表　　　　　　表18-6

序号	部门	课程名称 （或课程内容）	授课人/ 培训单位	培训时间	培训 地点	培训天数	人员	培训 预算	备注

18.5.2　员工培训方案实施

按照全年员工培训计划，由培训主办部门和人力资源部门一起填写培训申请及内容表，完成培训方案的实施。方案实施包括培训时间选定、培训教材和内容的审核、培训讲师的确定、参与培训人员的要求、培训过程的记录和培训效果的反馈等（表18-7）。

中建西南总部大楼教育培训申请及内容表　　　　　　表18-7

申请人		申请人所在部门	
培训起止时间及 培训所在地		培训机构	
培训内容及意义			
所在部门意见			
公司综合办公室意见			
公司分管领导意见			
公司负责人意见			
预算及明细			
考核方式			

18.5.3　员工培训后评估

每一期员工培训结束后，人力资源部门应开展培训效果评估，判断培训是否取得预期效果。评估可以采用考卷式评估、问答式评估、实际工作验证评估等形式（表18-8）。

中建西南总部大楼培训结果反馈表　　　　　　　　　　　　　　表 18-8

培训名称		培训教师	
培训时间(年月日)		培训地点	
应到出勤总人数		实际出勤总人数	
出勤率		总课实数	
有效满意度评价表份数		教师对学员整体评价	
培训开始时间		培训结束时间	
评分情况	1. 学员对教师评分均值		
	第三方对教师评分均值		
	2. 学员对组织者评分均值		
	第三方对组织者评分均值		
本次培训过程中的亮点、创新点			
本次培训存在的主要问题和改进措施			

本 章 小 结

合理设置岗位，高效运行的团队是项目正常运行的有力保障，是项目公司高层决策不折不扣贯彻实施的重要条件。项目公司人力资源管理，是影响项目能否按照既定目标时间节点完成，成本是否控制在预算费用以内的重要因素。

19 资 金 管 理

项目开发是一个典型的资金密集型行为，整个项目的运作需要足够的资金投入。资金，是项目开发的血液，开发资金需求量大，资金风险大，且贯穿项目的全过程，项目的成败很大程度上取决于资金的管理。本章将从项目资金的预算、收支管理以及风险管理出发，以中建西南总部大楼项目为例来分析资金管理的全过程内容。

本章具体内容如图 19-1 所示。

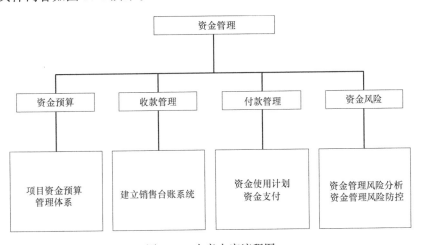

图 19-1　本章内容流程图

19.1　资 金 预 算

建立健全项目资金预算管理体系，包括资金预算编制、资金预算执行、资金预算监控以及资金预算考核。资金预算编制要同项目开发进度紧密结合，围绕资金收支两条线，将项目开发的各个环节都纳入资金预算中，实施项目成本管控。

资金预算执行要将责任分解落实到具体责任部门、责任人，需要明晰权责，严格按预算执行。

资金预算监控需要联合项目成本控制部门对开发过程中资金流动的整个环节进行动态的监督和控制。定期统计分析开发过程中资金运行的实际情况，及时汇报项目资金的相关情况。

资金预算考核要根据预算的实际执行情况予以实施，做到有奖有罚。对于出现较大偏差的要进行问题分析及时改进（图 19-2）。

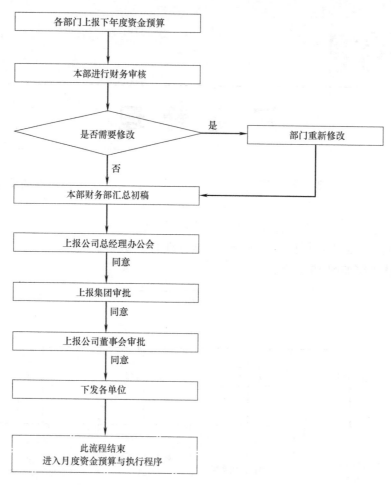

图 19-2　资金预算编制流程图

中建西南总部大楼项目在进入正式开发建设期前，按照项目整体开发里程碑节点，会同工程建设、商务成本等相关业务部门，依据项目施工计划安排、合同付款比例等要素，编制项目全周期资金需要量预算。每年初制定本年资金预算，按月度编制资金计划，每季度编制项目现金流滚动预算（表 19-1）。

项目支出与资金筹措计划表　　　　　　　　　　　　　　表 19-1

序号	内容	金额合计	X 年	X 年	...
1	项目支出				
1.1	建设期投资支出				
1.1.1	土地费用				
1.1.2	前期费用				
1.1.3	建安成本				
1.1.4	其他直接费				
1.1.5	不可预见费				
1.1.6	营销费用				

续表

序号	内容	金额合计	X 年	X 年	...
1.1.7	财务费用				
1.1.8	管理费用				
1.2	运营支出				
2	资金筹措				
2.1	自有资金				
2.1.1	A 股东				
2.1.2	B 股东				
2.1.3	C 股东				
2.2	借款				
2.3	总收入再投入				
3	总营业收入				

表：年度资金计划表

项目名称	工程名称		结构层数	建筑面积（m²）	开工时间	竣工时间	销售计划	目前形象进度	20××年
	总包单位工程建安成本								
		小计							
	前期工程成本	总承包							
		其他							
		小计							
	市政环境成本	总承包							
		其他							
		小计							
	公建配套成本	总承包							
		其他							
		小计							
	工程资金合计								

表：月度资金计划表

项目名称：中建西南总部大楼

实际月初资金余额

计划本月现金净流入

计划本月承兑净流入

计划月底资金余额

序号	工作内容	项目预算金额	本期计划收款	至上期止累计收付金额	本期计划付款金额（根据合同要求）	计划支付后累计付款占预算百分比	本期审批付款金额	备注
收款合计：								
1	收到股东投入							
2	收到银行借款							
3	销售收入							

序号	工作内容	项目预算金额	本期计划收款	至上期止累计收付金额	本期计划付款金额(根据合同要求)	计划支付后累计付款占预算百分比	本期审批付款金额	备注
4	供应商保证金							
5	其他资金流入							
(1)总部往来款								
(2)存款利息								
(3)其他								
	付款合计:							
1	土地成本							
2	前期费							
3	建安成本							
4	开发直接费							
5	财务成本							
6	项目管理费							
7	营销费用							
8	税金							
9	不可预见费							
10	其他支出							
11	管理费用							
编制人				财务资金部				
合约商务部				分管领导				
总经理								

19.2　收款管理

项目开发过程中，加快销售回款是资金回笼的重要措施。销售与收款环节的控制成了重中之重。

建立销售台账，完善台账管理，确保销售信息的及时、准确。每月财务与营销部门核对销售及回款，严格执行收款环节的稽核制度，防范资金安全风险。

协调营销管理部或销售代理公司之间的关系，以保证销售收款的顺利进行。

公司财务部门严格执行公司票据管理办法，明确销售收据、发票等票据的领取、使用、保管流程及责任。

销售收款做到日清日结，每日结账并整理当日开具的收款收据和发票，与实际收取的货币资金进行核对，并与营销部门核对当日销售和回款，确保销售款项及时足额入账（表19-2）。

中建西南总部大楼项目 X 月催款登记表　　　　　　　　　　表 19-2

序号	合同编号	房号	物业类型	业主姓名	付款方式	签约时间	合同金额	欠款金额	欠款起始时间	催款记录	备注
1											
2											
3											
4											
5											

19.3　付　款　管　理

19.3.1　资金使用计划

资金使用计划是根据项目未来一定时期内开发、采购、建设的预计资金使用状况,进行汇总平衡后的计划。通常以月度为单位编制,以年度资金预算为依据,编制月度资金计划。

月度资金计划编制时需要商务成本控制部门与工程建设部门在前期相互协调,扎实地做好基础工作。

编制资金计划时,应严格根据结算、付款以及欠款数申报,确保与财务账面一致。所有分供商必须签订合同或者协议,无合同单位不得纳入资金计划中。对于无合同办理的结算、提前结算、暂估结算都不得编制资金支付计划。计划支付金额不得大于合同金额,支付比例不得高于合同付款比例。计划支付总额不得大于本月预计可使用资金。

资金计划与动态成本间要相互结合,这样才能更好地掌握项目的运行状况,使项目的资金处于良性循环。

中建西南总部大楼项目每月编制资金使用计划　　　　　　　　　　表 19-3

成本项目	职责部门及编制内容
土地费用	公司规划部门依据购地计划,合同支付条件编制
开发前期费	公司规划、报建部门负责编制项目报规报建、项目勘察设计等前期费用支付计划
建安工程费	公司成本控制部门依据合同,结算金额,合同支付比例编制
开发直接费	成本控制部门编制
营销费用	营销策划部门负责编制
开发间接费、管理费用	综合管理部门负责编制
税金、财务费用	财务管理部门负责编制

公司财务管理部门负责审核、汇总各业务部门申报的资金计划,结合公司资金现状,综合平衡后编制项目月度资金计划,按公司相关流程审批后实施。

19.3.2　资金支付

各类款项支付都是以月度资金计划为基础的,且应与施工进度计划相匹配,在同一目标节点下,才能使开发工作管理更加清晰。当实际情况与资金计划发生较大偏差时,成本控制部门应及时与现场工程部门进行分析,查找原因,提出项目成本预警或工程进度预警。

计划外资金的支付,主要是不符合月度资金计划申报条件的特殊紧急事项,如无合同、无结算、超结算,超出合同付款比例等。

19.4 资金风险

要保障项目在开发进程中资金的不断流动，就需要对项目资金管理中存在的风险进行预先的评估，并采取相关的措施进行风险控制。

19.4.1 资金管理风险分析

项目开发建设由于周期长、涉及阶段多，很容易存在各种资金问题，企业的资金管理风险存在于项目的融资、建设、招商各阶段。

（1）项目融资期间

建设行业是一项需要大量资金投入的行业，各个环节都存在着一定的资金风险问题，首先需要注意的是项目融资期间的资金风险。对于一个企业而言，其能够使用的流动资金极其有限，无法满足项目建设的大量资金需求，因此，在项目建设之前就需要进行项目融资，而在融资的过程中很容易受到外界因素的影响，包括金融市场的变化、国家出台的限购政策、限贷政策等，都会增加房地产行业的融资成本，从而使建设行业面临着更大的资金风险。

（2）项目建设期间

项目建设期间，同样存在着诸多的资金风险问题。首先，项目建设之前，企业需要进行土地的选择和购买，在土地选择方面就存在着非常大的风险，需要进行多方面的考量，如若项目选址有所偏差，就会严重影响之后的招商、租赁，从而影响到房地产企业的经济效益。在土地购买方面，企业需要投入大量的资金购置土地，导致企业资金流动性风险增加。另外，在项目建设期间，如企业无法做好项目成本管控工作，则会大大降低项目资金使用效率，在建设初期，企业对建设成本未能进行准确的评价和预估，没有考虑到各方面因素对项目建设带来的影响，则会造成大量资金浪费，加大了资金风险。

（3）项目营销期间

近年来，城市综合体以及写字楼层出不穷，市场供给扩大，导致此类项目的招商环境越发竞争激烈，这使得企业在项目招商期间遇到更多困难，出现了租金增长缓慢、回款慢，空置率提高等现象。在此情况下，企业滞留的物业增加，降低了项目的经济效益，出现严重的资金沉淀现象。

19.4.2 资金管理风险防控

首先，在项目开发阶段前期，企业应结合开发主体自身的人、财、物等各项资源情况，进行充分、细致、深入的调查与分析，确定科学的项目开发方案。对项目开发进度做出合理的安排。结合项目需求制定多种可靠的备选融资方案。

其次，在项目建设阶段，此时需要大量的资金流出，企业应将有限的资金合理地分配到项目建设过程中，保证项目建设的速度和资金供给相匹配，重视项目过程中资金的使用与控制，加强项目建设过程中的成本控制。

最后，在项目营销过程中，企业应采取措施提高项目竞争力，加快资金回流，降低财务风险。

具体而言，在项目全过程可采取如下方法管理资金风险：

(1) 丰富融资方式

企业应该丰富项目融资方式，从而降低融资期间的资金风险。只有在企业实力不断壮大的过程中丰富项目的融资方式，才能有效地降低企业所面临的资金风险，促进企业发展。

(2) 加强投资决策水平

在项目开发企业进行投资活动的过程中，需要不断地提高企业的投资决策水平，掌握过程中每一个环节，对投资活动进行准确的评价和预估，从而降低企业资金风险。企业应不断的招揽更多有能力的人才，加大人力资源的投入和管理，使每一个员工都能发挥最大的能力。同时，还需完善投资制度，加强对投资活动的管理，为房地产企业资金风险管理打下良好的基础。

(3) 提升现金流管理能力

建设企业需要提高现金流的管理能力，安排管理人员定期进行学习和培训，提升企业现金流管理能力，对各种相关因素进行具体的分析，对出现的问题及时采取措施，增加资金风险及控制方面的警惕性。

本 章 小 结

项目开发是一个典型的资金密集型行为，整个项目的运作需要足够的资金投入。资金，是项目开发的血液，开发资金需求量大，资金风险大，且贯穿项目的全过程，项目的成败很大程度上取决于资金的管理。

20

税务管理

对企业而言，税务管理在日常的经济活动中是十分重要的，因此对开发建设全过程所产生的税收款项进行了解是非常必要的，本章将从中建西南总部大楼项目整体出发，针对项目各阶段涉及税种、项目涉税风险和税务战略进行分析，对项目税务管理进行合理规划。

本章具体内容如图 20-1 所示。

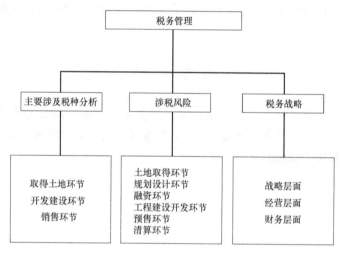

图 20-1　本章内容流程图

20.1　主要涉及税种分析

20.1.1　取得土地环节

企业以招拍挂方式从政府获取土地用于房地产开发，需向政府支付的费用包括土地出让金、拆迁补偿费、基础设施配套费、征收补偿款、开发规费、契税、土地出让金延期支付利息等。如未按土地出让合同约定期限支付土地价款，则需向国土部门缴纳滞纳金，未按规定期限开发房地产的，则需缴纳土地闲置费。

（1）增值税

一般纳税人房地产开发企业销售自行开发的房地产项目，适用一般计税方法。按照取得的全部价款和价外费用，扣除当期销售房地产项目对应的土地价款后的余额计算销售额。

土地价款是指向政府、土地管理部门或受政府委托收取土地价款的单位直接支付的土地价款，包括土地受让人向政府部门支付的征地和拆迁补偿费用、土地前期开发费用和土地出让收益等。土地价款应当取得省级以上（含省级）财政部门监（印）制的财政票据；未取得合规票据不能差额扣除。同时企业应建立台账登记土地价款的扣除情况，扣除的土地价款不得超过实际支付的土地价款。

同时，企业取得土地后，从政府部门收到的土地返还款，不能作为土地价款在销售额中扣除。

小规模纳税人房地产开发企业销售自行开发房地产项目，适用简易计税办法，不能差额征税。

通常来说，房地产开发企业作为一般纳税人需要其销售额达到认定标准（500万元）。如果是在小规模纳税人时以受让方式取得土地后，再认定为一般纳税人的，取得的土地价款能否适用差额扣除政策，目前总局尚未有明确的文件规定。

（2）印花税

企业与土地部门签订的土地出让合同，需按产权转移书据缴纳印花税，税率为万分之五。

（3）契税

契税计税依据为取得该土地使用权而支付的全部经济利益。企业以竞价方式取得出让土地，契税计税依据为竞价的成交价格，包括土地出让金、市政建设配套费以及各种补偿费用。

契税的纳税义务发生时间为签订土地权属转移合同的当天，或者取得其他具有土地权属转移合同性质凭证的当天。企业应当自纳税义务发生之日起10日内，向土地所在地主管税务机关办理纳税申报。

（4）土地增值税

"取得土地使用权所支付的金额"可作为计算增值税额的扣除项目，且可以加计20%扣除。"取得土地使用权所支付的金额"是指为取得土地使用权所支付的地价款和按国家统一规定缴纳的有关费用。契税属于按国家统一规定缴纳的费用，可以计入扣除项目。缴纳的土地闲置费，延期付款支付的利息，以及向国土部门支付的滞纳金不能扣除。

取得土地使用权支付的相关价款应取得合法有效凭证，未取得合法有效凭证的不能扣除。从政府部门取得的土地返还款不能作为土地价款扣除。

（5）企业所得税

企业受让土地而支付的土地价款和相关费用，应取得合法有效凭证，未取得合法有效凭据，相关土地成本不得在税前扣除。

（6）土地使用税

企业以出让方式有偿取得土地使用权的，应从土地出让合同约定交付土地时间的次月起缴纳城镇土地使用税；合同未约定交付土地时间的，从合同签订的次月起缴纳城镇土地使用税。

（7）注意要点

1）企业如为小规模纳税人，为避免土地价款不能差额计缴增值税，建议先认定为一般纳税人后再招拍挂取得土地。同时企业应建立台账登记土地价款的扣除情况。

2）未取得合法有效凭证的，增值税不能差额扣除，土地增值税不能作为扣除项目，企业所得税也不能税前扣除。比如：土地出让金取得资金往来票据属于不合规票据。建议企业取得土地时应取得合法有效凭证，发现凭证不合规的应及时退还。

3）土地延期付款支付的利息及向国土部门支付的滞纳金不能在计算土地增值税时作为土地成本扣除，也不能享受加计20％的扣除规定。建议企业及时缴纳土地出让金。

4）土地闲置费不能在计算土地增值税时扣除，建议企业按期开发房地产项目。如不能及时开发，需确定储备土地能带来收益。

5）如果招拍挂取得土地后，政府部门将会返还土地价款。土地返还款将冲减土地成本，建议企业和政府部门沟通，改为其他形式的政府补贴，以便不减少土地成本得到更多的扣除。

6）未按规定期限缴纳税款的，从滞纳税款之日起，按日加收滞纳税款万分之五的滞纳金，年化利率约为18％。税收滞纳金不能在土地增值税和企业所得税前扣除。同时未及时申报纳税的，税务机关还可处不缴或者少缴的税款百分之五十以上五倍以下的罚款；构成犯罪的，依法追究刑事责任。建议企业及时申报缴纳取得土地所需缴纳的契税、印花税、土地使用税。

20.1.2 开发建设环节

（1）印花税（设计合同）
指建设工程勘察设计合同，包括勘察、设计合同，按收取费用万分之五贴花。
（2）印花税（建安合同）
指建筑安装工程承包合同，包括建筑、安装工程承包合同，按承包金额万分之三贴花。
（3）印花税（借款合同）
指银行及其他金融组织和借款人（不包括银行同业拆借）所签订的借款合同，按借款金额万分之零点五贴花。

20.1.3 销售环节

（1）企业所得税（未完工开发产品）
指企业销售未完工开发产品取得的收入，应先按预计计税毛利率分季（或月）计算出预计毛利额，计入当期应纳税所得额。企业销售未完工开发产品的计税毛利率由各省、自治区、直辖市国家税务局、地方税务局按下列规定进行确定：
1）开发项目位于省、自治区、直辖市和计划单列市人民政府所在地城市城区和郊区的，不得低于15％。
2）开发项目位于地级市城区及郊区的，不得低于10％。
3）开发项目位于其他地区的，不得低于5％。
4）属于经济适用房、限价房和危改房的，不得低于3％。
（2）企业所得税（商品房销售合同）
指商品房销售合同按照产权转移书据征收印花税，按所载金额万分之五贴花。

20.2　涉　税　风　险

各类开发建设项目往往在税收问题上面临"三多"：一是税收检查多，二是涉及税种多，三是涉税风险多。由于每个环节都存在涉税风险，因此，对企业来讲，了解各阶段的风险因素是税务管理的重中之重。

20.2.1　土地取得环节

（1）佣金等费用支出没有取得正规合法发票，导致利润虚增，税负加大；

（2）没有在签订土地、房屋权属转移合同10天内申报契税；

（3）虚增拆迁安置费，逃避缴纳土地增值税和企业所得税；

（4）以收购股权方式取得的土地使用权，溢价部分无法列支土地成本。

20.2.2　规划设计环节

（1）总体规划设计未考虑财税因素对成本、税收和现金流的影响；

（2）虚开规划设计费，逃避缴纳土地增值税和企业所得税；

（3）境外的规划设计费没有代扣代缴税金。

20.2.3　融资环节

（1）向非金融机构（包括企业和个人）融资的高息资金利息支出无法取得正规发票，从而导致利息支出无法入账；

（2）从信托或基金公司"名股实债"形式下支付的利息，往往无法取得合法入账的凭据；

（3）现金流往往不够支付利息或其他开支；

（4）支付的利息可能涉及代扣代缴税金义务而未履行；

（5）与股东及其他关联方资金往来未支付利息，存在偷逃税金问题；

（6）借给自然人股东超过1年以上的借款，存在被认定为股息、红利分配需要缴纳20%的个税风险。

20.2.4　工程建设开发环节

（1）虚开建安发票，加大建安支出，偷逃土地增值税和企业所得税；

（2）为少缴税，实际发生工程支出费用但不索要发票；

（3）签订建安合同后未足额缴纳印花税；

（4）不缴纳或者不足额，或不按规定时间缴纳城镇土地使用税。

20.2.5　预售环节

（1）取得预售收入（包括定金、诚意金）没有按规定及时申报纳税；

（2）没有按照规定的预征率预缴土地增值税和企业所得税；

（3）预售合同没有足额及时缴纳印花税；

（4）销售合同（发票）为阴阳合同（发票），未如实申报收入；

（5）售后返租时，按返租后的金额确认收入纳税，对小业主的返租收入未代扣代缴税金；

（6）返迁房未申报纳税，或未按市场公允价申报纳税；

（7）以房抵工程款、分房给股东等未按规定申报纳税；

（8）装修收入没有申报纳税；

（9）卖给股东或关联方的房屋价格明显偏低。

20.2.6　清算环节

（1）取得的发票不合规，比如发票出具方与合同方、收款方不相符；

（2）购买虚假发票虚增成本；

（3）企业高管的个人收入没有全额缴纳个人所得税；

（4）关联方交易定价不合理等。

20.3　税务咨询

20.3.1　战略层面

股权架构的设计与规划，考虑未来对财税产生的影响。

是否成立项目公司，注册地点的确定。

注册资金的数额，出资形式不同对财税的影响。

与政府之间的合作与谈判，相关税收政策的了解（比如：不同形式拿地的税负比较）。

20.3.2　经营层面

各种业态的规划设计对税务的影响（比如：开发产品类型、面积、车库等）。

商业、住宅的比例，普通住宅与非普通住宅的比例。

报建形式、开发分期对税务的影响。

合同条款的拟定对税务的影响。

销售价格的制定、税务相关测算。

毛坯还是精装的税收测评。

20.3.3　财务层面

会计核算（比如：成本费用发生后计入什么会计科目可实现节税）。

费用分摊、资金利息计算方法的选择等。

工资、奖金的个人所得税筹划。

本 章 小 结

对企业而言，税务管理在日常的经济活动中是十分重要的，对开发建设全过程所产生的税收款项进行了解是非常必要的，不仅需要对项目各阶段所涉及税种进行掌握，也要进行适当的风险分析和规划，这样才能使项目盈利达到最优。

参 考 文 献

[1] 史志峰. 商业地产项目招商思路及策略研究 [J]. 中国外资，2013（7）：118-119.

[2] 王晋. 商业地产开发模式的比较与分析 [J]. 经济论坛，2006（1）：111-112.

[3] 张巍，张腾月. 商业地产项目定位决策研究 [J]. 建筑经济，2010（1）：79-82.

[4] 施建刚. 房地产开发与管理 [M]. 2004.

[5] 王高翔. 商业地产招商运营：范本·案例·策划·工具 [M]. 2012.

[6] 李其涛，程艳. 商业地产全程标准化作业流程 [M]. 2014.

[7] 吴增胜. 房地产开发项目投资管理手册 [M]. 中国建筑工业出版社，2013.

[8] 余源鹏. 写字楼项目开发全程策划 [M]. 2010.

[9] 唐永忠，李清立. 房地产开发与经营 [M]. 北京交通大学出版社，2013.

[10] 章金萍. 市场营销技术 [M]. 北京高等教育出版社，2008.

[11] 贾士军. 房地产项目全程策划 [M]. 2002.

[12] 全国经济专业技术资格考试用书编写委员会编写. 房地产经济专业知识与实务，中级 [M]. 中国发展出版社，2003.

[13] 马都. 房地产项目成本控制 [M]. 2006.

[14] 夏联喜. 商业地产前期开发手册 [M]. 2012.

[15] 董金社. 商业地产策划与投资运营 [M]. 2013.

[16] 何晓洁，曾海丹. 商业地产的定位流程与内容 [J]. 企业技术开发：学术版，2008，27（1）：112-114.

[17] 上海市民防监督管理处. 民防工程施工质量控制要点及验收指南 [M]. 同济大学出版社，2006.

[18] 陈凤旺. 电梯工程施工质量验收规范实施指南 [M]. 中国建筑工业出版社，2003.

[19] 郭奇超，刘超，庄文卿. 安全施工条件验收 [J]. 神州，2016（6）：197-197.

[20] 王瑞玲，宋春叶. 房地产项目营销策略研究——以重庆某房地产项目为例 [J]. 重庆科技学院学报（社会科学版），2011（1）：95-97.

[21] 赵建忠. 关于加强建筑施工安全管理的探讨 [J]. 大众商务：下半月，2009（4）：94-95.